Janeth Mosquera
Abel Muñoz

Diseño de diferentes mezclas intraespecíficas en genotipos de maíz

Janeth Mosquera
Abel Muñoz

Diseño de diferentes mezclas intraespecíficas en genotipos de maíz

Reducir los daños de plagas y enfermedades foliares

Editorial Académica Española

Imprint

Any brand names and product names mentioned in this book are subject to trademark, brand or patent protection and are trademarks or registered trademarks of their respective holders. The use of brand names, product names, common names, trade names, product descriptions etc. even without a particular marking in this work is in no way to be construed to mean that such names may be regarded as unrestricted in respect of trademark and brand protection legislation and could thus be used by anyone.

Cover image: www.ingimage.com

Publisher:
Editorial Académica Española
is a trademark of
Dodo Books Indian Ocean Ltd. and OmniScriptum S.R.L publishing group

120 High Road, East Finchley, London, N2 9ED, United Kingdom
Str. Armeneasca 28/1, office 1, Chisinau MD-2012, Republic of Moldova, Europe
Printed at: see last page
ISBN: 978-613-9-40871-9

TEMA:

Diseño de diferentes mezclas intraespecíficas en genotipos de maíz para reducir los daños de plagas y enfermedades foliares

PUYO - ECUADOR 2024

RESUMEN

El maíz es uno de los cultivos más afectado por una diversidad de enfermedades foliares y plagas, razón por la cual se requiere conocer métodos de control. En la actualidad se han propuesto generar nuevos métodos agroecológicos para proteger a la planta de las enfermedades y plagas, una de ellas es el uso de aspectos genéticos. De ahí que, a través de la realización de este trabajo de investigación, se planteó como objetivo de estudio: la evaluación del efecto que originan las mezclas intraespecíficas de genotipos en el maíz a fin de reducir el ataque de plagas y enfermedades foliares de la planta. En esta investigación se evaluaron las siguientes variables: altura de planta, altura de inserción de mazorca, peso de 100 semillas, longitud de mazorca, peso de granos por mazorca, relación grano-tuza y rendimiento. Se utilizó un diseño de bloques completos al azar aplicados a diez tratamientos con tres repeticiones se usó la prueba de Tukey para comparación de medias. Como resultado se determinó una reacción positiva y efectiva de las mezclas de genotipos, debido a la reducción en cuanto al nivel de ataque de las enfermedades foliares y el nivel de daño y severidad del gusano cogollero. Los resultados obtenidos permiten concluir que el uso de mezclas intraespecíficas son eficientes y que deberían ser implementadas en el cultivo de maíz para mejorar el rendimiento de la productividad y generar utilidades a los productores.

Palabras claves: Manejo agroecológico, severidad, rendimiento.

ABSTRACT

Corn is one of the most crop affected by a variety of foliar diseases and pests, which is why it is necessary to know about control methods. In the present time they have proposed to generate new agroecological methods to protect the plant from diseases and pests, one of them is the use of genetic aspects. Hence, through the realization of this research work, the following study objective was proposed: the evaluation of the effect caused by intraspecific mixtures of genotypes in corn in order to reduce the attack of pests and foliar diseases of the plant. This research to evaluated the following variables: plant height, ear insertion height, weight of 100 seeds, ear length, weight of grains per ear, grain-turtle ratio and yield. A randomized complete block design applied to ten treatments with three repetitions was used, the Tukey test was used for comparison of means. As a result, a positive and effective reaction of the genotype mixtures was determined, due to the reduction in the level of attack of foliar diseases and the level of damage and severity of the fall armyworm. The obtained results allow us to conclude that the use of intraspecific mixtures are efficient and that them should be implemented in the corn crop to improve productivity performance and generate profits for producers.

Keywords: Agroecological management, severity, yield.

I. INTRODUCCIÓN

El cultivo del maíz, es de mucha relevancia económica a nivel global, pues además ser empleado como fuente de alimento para las personas, también para los animales o para la elaboración de productos industriales. La producción mundial del maíz entre los años 2017 y 2018 fue de más de 2034.45 millones de toneladas con un rendimiento de 6.75 toneladas por hectárea (CIMMYT, 2019).

En muchos países como Brasil, Argentina, Estados Unidos, Ecuador, etc. Así como las empresas dedicadas a ofertar semillas de este cultivo, y los agricultores que cultivan el maíz intentan contribuir a la conservación y generación de la diversidad genérica. Por un lado, mantienen variedades locales tradicionales y por el otro, seleccionan intencionadamente las semillas más favorables por sus diversas características, mediante las variantes que se han ido presentando por las siguientes características: selección natural, mutación, recombinación, introducción y aislamiento y así llegar a formar nuevas razas (Casafe, 2017).

A través de las investigaciones realizadas se ha mostrado que las semillas criollas mezcladas con semillas comerciales poseen características muy especiales como la resistencia a sequía, heladas y enfermedades. De modo que el uso de este tipo de variedades se ha convertido en una buena alternativa para incrementar la diversidad genética debido a que en estas mezclas existe mucha plasticidad y una gran adaptación a los diferentes ambientes (Quintana, 2019).

Debido a toda la información expuesta anteriormente en este trabajo investigativo se evaluó el efecto de las mezclas intraespecíficas en genotipos de maíz para la reducción del ataque de plagas y enfermedades foliares con la finalidad de determinar la incidencia de las enfermedades foliares (*Curvularia lunata*, *Spiroplasma kunkellii*, *Puccinia sorghi* y *Helminthosporium* spp) en diferentes mezclas intraespecíficas de maíz, así como también la severidad de daño del gusano cogollero (*Spodoptera frugiperda*) en los diferentes tratamientos que se aplicaron.

1.1. Problema

El problema de las plagas como el gusano cogollero *(Spodoptera frugiperda)* y enfermedades foliares como *(lunata, kunkellii, sorghi y Helminthosporium* spp.*)*, afectan considerablemente al cultivo de maíz; el uso de paquetes tecnológicos comprendidos por fertilizantes y plaguicidas químicos se ha ido introduciendo gradualmente en todas las regiones donde se da la producción del maíz transformando así a los sistemas de producción agrícola tradicionales en sistemas dependientes de insumos químicos, principalmente los plaguicidas. Existe evidencia científica que comprueba que su empleo daña seriamente al ambiente y la salud pública, pues no solo debilita la calidad y fertilidad del suelo, la producción de este, sino también que a largo plazo ocasiona efectos nocivos en la salud de las personas que se encargan de realizar las tareas y el manejo de este cultivo. Resulta necesario identificar soluciones agroecológicas que permitan la reducción del uso de pesticidas mediante técnicas o métodos que mejoren la productividad juntamente con el cuidado y manejo fitosanitario correspondiente.

1.2. Hipótesis

Las mezclas intraespecíficas de maíz lograrán reducir el uso de plaguicidas y de esa manera se evite el ataque de las plagas y enfermedades foliares.

1.3. Objetivos

I.3.1. Objetivo general

Evaluar el efecto de las mezclas intraespecíficas de genotipos en el maíz para la reducción del ataque de plagas y enfermedades foliares.

1.3.2. Objetivos específicos

- Determinar la incidencia de las enfermedades foliares (*Curvularia lunata, Spiroplasma kunkellii, Puccinia sorghi* y *Helminthosporium* spp.) en diferentes mezclas intraespecíficas de maíz.

- Determinar la severidad de daño del gusano cogollero (*Spodoptera frugiperda*) en diferentes mezclas intraespecíficas de maíz.

- Plantear alternativas de manejo integrado de plagas y enfermedades en el cultivo de maíz a través del uso de mezclas de cultivares con diferentes niveles de resistencia.

II. MARCO TEÓRICO

2.1. Fundamentación conceptual

2.1.1. Agroecología

La agroecología es "una nueva agricultura que se basa en principios agroecológicos sobre los sistemas intermedios de la producción agrícola mediante componentes con biodiversidad alta entre las plantas y organismos cumpliendo un papel ecológico y así reducir insumos externos (Altieri y Nicholls, 2014).

2.1.2. Cultivos

La práctica de sembrar semillas en la tierra y la realización de las labores y manejo del campo con la finalidad de obtener la producción de los mismos (Duke, 2016).

El cultivo es toda acción que realiza una persona con el objetivo de mejorar, tratar y transformar las tierras para que las siembras a través de las semillas plantadas crezcan (Yánez *et al.,* 2018).

2.1.3. Parcelas

La parcela se refiere a una porción de tierra que forma parte de una extensión de terreno mayor, y que puede ser utilizada de diferentes formas y fines (Barg y Armand, 2017).

2.1.4. Características edafoclimáticas

Las características edafoclimáticas, tiene que ver con el suelo y el clima a fin de conocer el grado de idoneidad para la siembra de los mismos. En ella se toma en cuenta variables como altitud, texturas del suelo, ubicación geográfica, características físicas, químicas, biológicas del suelo, etc., las mismas que permiten determinar las áreas destinadas para conservar y proteger (Polania *et al.*, 2017).

2.1.5. Siembra

Comprende la acción y efecto de sembrar, es decir, arrojar y esparcir semillas en una tierra preparada. También hace referencia al tiempo en que se siembra y a la tierra que es sembrada (González, 2016).

Es una actividad agrícola que comprende en la colocación de una semilla en un suelo preparado con ese fin, y a largo plazo germinen y emerjan nuevas plantas (Gómez y Minelli, 2017).

2.1.6. Comportamiento agronómico

Es la respuesta fenotípica a un estímulo, la misma que puede ser rápida y generalmente también se da la posibilidad de que sea reversible (Caicedo, 2017).

Es el número de expresiones que presentan las plantas ante distintos estímulos ambientales y entre individuos de la misma especie (Arregui y Puricelli, 2018).

2.1.7. Fertilización

Es el proceso por el cual se le añade a la planta diversas sustancias ya sean naturales o químicas con la finalidad de hacerla más fértil y útil y sea más productiva (Naranjo, 2017).

2.1.8. Control de malezas

"Evita que especies vegetales crezcan y le roben nutrientes a la planta, y esto se logra a través de cuidados como el deshierbe, la colocación de sustancias que las erradiquen completamente" (Duke, 2016).

Permiten "mediante métodos específicos como el deshierbe, evitar que aparezcan o infesten los cultivos evitando el uso de productos químicos cuanto sea posible y evitar causar daño al medio ambiente y a las personas" (Guerrero, *et al.*, 2017).

2.1.9. Control fitosanitario

Este control evita, previene o disminuye las pérdidas económicas que pueden ser generadas por las plagas presentes en las plagas que se cultiven, y para ello se utilizan las medidas más adecuadas y convenientes en todo momento mientras el cultivo crece (PAN International, 2016).

2.1.10. Control de plagas y enfermedades

Es "conocido como Manejo Integral de Plagas y Enfermedades, busca a través de diferentes métodos de control, un enfoque que busca en el que se conjuguen condiciones específicas para el cultivo en el que se desea eliminar totalmente las plagas y enfermedades de las plantas cultivadas" (Devine *et al.*, 2018).

Permite mantener en buena forma los cultivos, de manera que el daño de las plagas y enfermedades esté bajo el nivel económicamente aceptable. Reduciendo el riesgo de la salud humana, el medio ambiente y el costo de producción de quienes cultiven (Alavanja, 2019).

2.1.11. Genotipos

Un genotipo en lo referente a agricultura es una colección de genes de una planta. A su vez puede referirse a los dos alelos heredados de un gen en particular (CIMMYT, 2019).

Es la información genética que posee la planta en forma de ADN, en la que se incluye numerosas variaciones de sus genes (Ortega, 2017).

2.1.12. Mezclas intraespecíficas

"las mezclas intraespecíficas comprenden la interacción biológica que se establece entre dos o más individuos de la misma especie cuya finalidad es de relacionarse y conseguir beneficios entre estos" (Poehlman y Sleper, 2015).

"se llevan a cabo mediante dos individuos que están relacionados entre sí, debido a que pertenecen a la misma especie que se establecen con fines

reproductores, alimenticios y de protección frente a plagas y enfermedades"
(Louette y Smale, 2016).

2.1.13. Plagas

Es todo animal, planta o microorganismo que afecta negativamente a la
producción agrícola (Arregui y Puricelli, 2018).

2.1.14. *Spodoptera frugiperda Smith* (Gusano cogollero)

Es un gusano que se alimenta del cogollo de las plantas, es el agente principal
que ocasiona daño severo en el tejido foliar de las plantas en etapa de
crecimiento, por lo que se reduce el área foliar y la tasa fotosintética se ve
afectada negativamente (Arévalo y Mejía, 2018).

2.1.15. Enfermedades foliares

Son "enfermedades que forman muchas lesiones en las hojas y tallos de las
plantas, causando el colapso masivo de tejidos y, consecuentemente, el
desequilibrio nutricional de la misma" (González, 2016).

"Enfermedades que actúan reduciendo el área foliar verde, así como su actividad
y la duración de la planta, resultando en la disminución de la tasa de crecimiento
de las mismas o limitar la disponibilidad de hojas durante el proceso de
maduración de la planta" (Tielemans, *et al.*, 2017).

2.1.16. Tratamientos

los tratamientos son un conjunto específico de condiciones que deben imponerse
sobre las unidades experimentales de un experimento (Yánez, *et al.*, 2018).

comprende el conjunto de acciones que se aplican sobre las unidades
experimentales seleccionadas y que son objeto de comparación unas a otras
(Bernardino *et al.*, 2019).

2.1.17. Prueba de Tukey

"permite probar todas las diferencias que se encuentren en los tratamientos utilizados para evaluar las hipótesis, se requiere que el número de repeticiones sea constante en todos los tratamientos" (Kundu, *et al.*, 2017).

Es un método cuyo objetivo es el de comparar las medias individuales que provienen de un análisis de varianza de diferentes muestras que hayan sido sometidas a tratamientos distintos (Aguirre *et al.*, 2019).

2.1.18. Varianza

Es una medida de dispersión de una variable aleatoria, que se utiliza ampliamente en el área de estadística en el cual se expresa su valor a través de un número, es decir la variabilidad de dicha dispersión calculada. (Kundu *et al.*, 2017).

2.1.19. Diseño de bloques completos.

En este se compara tres fuentes de variabilidad: el factor de tratamientos, el factor de bloques y el error aleatorio. En conjunto, se refiere a que en cada bloque existe aleatorización y se prueban todos los tratamientos (Kundu, *et al.*, 2017). "Se emplea en investigaciones cuando existe una fuente de variabilidad o donde hay un factor que está afectando positiva o negativamente la aplicación de los tratamientos. Para ello se necesita que el material sea homogéneo y que la distribución sea totalmente al azar y que haya igual número de unidades experimentales en cada bloque" (Yánez *et al.*, 2018).

2.1.20. Error experimental

Es una desviación del valor medido de una magnitud física respecto al valor real de dicha magnitud (Yánez *et al.*, 2018).

2.1.21. Escala de Davis

"Es una herramienta muy útil a la hora de tomar decisiones, pues mediante esta se puede conocer los efectos o daños que causa una plaga en un cultivo o planta específico" (Goodman y Rawling, 2018).

2.2. Fundamentación Teórica

2.2.1. Maíz

El maíz es cultivado en todas las regiones del mundo en las que las condiciones del suelo se encuentren apto para las actividades agrícolas y todos los meses del año. También crece desde los 58° de latitud norte en el Canadá y Rusia hasta los 40° de latitud sur en el hemisferio meridional (Yánez *et al.,* 2018).

Se cultiva en regiones por debajo del nivel del mar y a más de 4.000 metros de altura en los Andes peruanos. Pero pese a la gran diversidad de sus formas, al parecer todos los tipos principales de maíz conocidos hoy en día, clasificados como Zea mays, ya estaban siendo cultivados por poblaciones nativas cuando se descubrió el continente americano. Cualquiera sea el caso, la mayoría de las variedades modernas del maíz proceden de material obtenido en el sur de los Estados Unidos, México, América Central y del Sur (Yánez *et al.*, 2018).

2.2.2. Taxonomía del maíz

La taxonomía del maíz es la siguiente: (CIMMYT, 2019).

Reino:	Vegetal
División:	Tracheophita
Subdivisión:	Pterapsidae
Clase:	Angiosperma
Subclase:	Monocotiledona
Orden:	Gumiflorales-Graminales
Familia:	Poaceae
Subfamilia:	Panicoideae
Tribu:	Maidaea
Género:	*Zea*
Especie:	*Zea mays*
Nombre común:	Maíz

2.2.3. Descripción botánica del maíz

Según Louette y Smale (2016) el maíz presenta la siguiente descripción botánica:

- **Raíces:** Son fasciculadas y aporta un perfecto anclaje a la planta. En ciertos casos sobresalen unos nudos de las raíces a nivel del suelo y suele ocurrir en aquellas raíces secundarias o adventicias.

- **Tallo:** Es simple, recto, en forma de caña y macizo en su interior, tiene una longitud elevada de hasta 4 metros de altura, además es robusto y no presenta ramificaciones.

- **Hojas:** Son largas, lanceoladas, alternas, paralelinervias y de gran tamaño. Abrazan al tallo y tienen vellosidad en el haz.

- **Inflorescencia:** Presenta inflorescencia masculina y femenina separada dentro de la misma planta. La inflorescencia masculina es una panícula de coloración amarilla, mientras que la inflorescencia femenina cuando ha sido fecundada por los granos de polen y a esta se le conoce como mazorca, se encuentran las semillas agrupadas a lo largo de un eje, y se halla cubierta por capas de hojas de coloración verde.

- **Grano:** La cubierta de la semilla (fruto) se llama pericarpio, es dura, por debajo está la capa de aleurona que le da color al grano, tiene proteínas y en su interior se encuentra el endosperma con el 85-90% del peso del grano. El embrión está formado por la radícula y la plúmula.

2.2.4. Etapas fenológicas del maíz

El maíz se divide en dos fases: Etapa vegetativa y etapa reproductiva, tal como se muestra en la figura 1. (Caicedo, 2017).

Figura 1. Etapas fenológicas de la fase vegetativa y reproductiva del maíz.

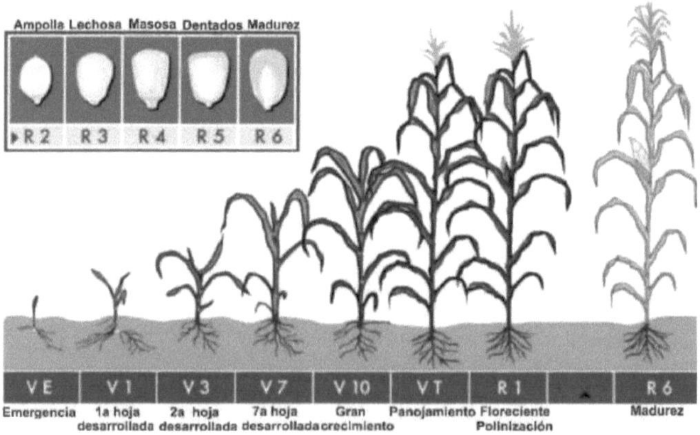

Fuente: (Caicedo, 2017). Manejo del cultivo de maíz.

2.2.5. Etapa fenológica vegetativa del maíz

Esta fase inicia desde la siembra y dura hasta poco antes de que aparezcan las estructuras reproductivas, es decir, cuando se comienza a visualizar la espiga del maíz (flor masculina). Durante la etapa de plántula cualquier daño al follaje o a las raíces es crítico y pone en riesgo la supervivencia de las plántulas (Aguirre *et al.*, 2019).

En la fase vegetativa la mayor parte de la energía se dirige a la formación de follaje; por tanto, la planta tiene cierta tolerancia a la pérdida de follaje a causa del ataque de alguna plaga.

Según Goodman y Rawling (2018), este estado presenta varias sub-etapas, tal como se muestra a continuación:

- **Etapa VE (germinación y emergencia):** llega cuando el coleóptilo brota de la superficie del suelo. Las plantas de maíz pueden emerger dentro de los 5-7 días siguientes a la siembra cuando las condiciones de temperatura y humedad son ideales. Y bajo condiciones frías y húmedas o incluso bajo condiciones muy secas pueden tomar más de dos semanas para emerger.

- **Etapa VC - Primera hoja:** Una hoja con lígula visible (estructura que se encuentra en la base de la lámina). La punta de la primera hoja en maíz es redondeada. Desde este momento hasta floración (R1), los estadios vegetativos son definidos por la hoja con lígula visible localizada en la parte superior de la planta. El punto de crecimiento se encuentra por debajo de la superficie hasta la última parte del estadio V5 (cinco hojas).

- **Etapa V2 - Segunda hoja -** Las raíces nodales comienzan a emerger debajo del suelo. Las raíces seminales comienzan a senescer. La probabilidad de que heladas dañen las plántulas es baja, excepto por condiciones de frío extremo.

- **Etapa V3 (tres hojas verdaderas):** En V3, el punto de crecimiento está todavía por debajo de la superficie. El tallo no se ha alargado mucho. Los pelos de la raíz están creciendo de las raíces nodales a medida que las raíces seminales dejan de crecer. Todos los brotes de hojas y espiga que la planta producirá se forman desde V3 hasta V5. Se forma una pequeña espiga en el extremo del punto decrecimiento. La altura de la parte aérea de la planta es de alrededor de 20 cm.

- **Etapa V6 (seis hojas verdaderas):** El punto de crecimiento y la espiga se elevan por encima de la superficie del suelo cerca de la etapa V6. El tallo comienza a alargarse. El sistema de raíces nodales crece a partir de los 3 o 4 nudos más bajos del tallo. Algunos brotes de espigas o macollos son visibles. El desarrollo de los macollos (hijuelos) depende de cada variedad, densidad de población, fertilidad y otras condiciones

- **Etapa V9 (nueve hojas verdaderas):** La disección de una planta en esta etapa muestra varios brotes de mazorcas (mazorcas potenciales). Estos se desarrollan en todos los nudos de la parte aérea, excepto los últimos 6 a 8 nudos debajo de la espiga. Los brotes inferiores de mazorca crecen rápido al principio, pero solo uno o dos de los más altos desarrollan una mazorca cosechable. La espiga comienza a desarrollarse rápidamente. Los tallos se prolongan a medida que los entrenudos crecen. Para V10, el tiempo entre etapas de hojas nuevas se acorta a alrededor de dos a tres días.

Cerca de V10, un rápido aumento en nutrientes y acumulación de materia seca comienzan. Esto continúa a lo largo de las etapas reproductivas. Los requerimientos de agua y nutrientes del suelo son muy altos. Esto es para satisfacer una mayor demanda debido a la tasa elevada de crecimiento.

- **Etapa V10 (diez hojas verdaderas):** la planta comienza un rápido incremento en la acumulación de materia seca que continuará hasta la etapa reproductiva avanzada. Se requieren altas cantidades de nutrientes y agua del suelo para cumplir con la demanda.

- **Etapa V12 (doce hojas verdaderas):** Aunque las espigas potenciales se forman justo antes de la formación de la panoja (V5), el número de hileras en cada espiga y el tamaño de la espiga se establecen en V12. No obstante, la determinación del número de óvulos (granos potenciales) no se completará hasta una semana antes de la emergencia de barbas o cerca de V17.

- **Etapa VT (PANOJAMIENTO)**: Se inicia aproximadamente 2-3 días antes de la emergencia de barbas, tiempo durante el cual la planta de maíz ha alcanzado su altura final y comienza la liberación del polen. El tiempo entre VT y R1 puede variar considerablemente en función del cultivar y de las condiciones ambientales.

Durante este crecimiento vegetativo predominan plagas como trips (Frankiniella williamsi), larvas de diabróticas (*Diabrotica virgifera zeae*), gusano cogollero (*Spodoptera frugiperda*), gusano soldado (*Spodoptera exigua*), gusano trozador (*Agrotis* sp.), gusano de alambre (*Agriotes* sp.), gallina ciega (*Phyllophaga* sp., *Cyclocephala* sp., *Diplotaxis sp., Anomala* sp. *y Macrodactylus* sp.), picudo (*Geraeus senilis*), chapulín (*Sphenarium purpurascens*) y araña roja (*Oligonychus mexicanus y Tetranychus* sp.) según se muestra en la Figura 2 (Aguirre *et al.*, 2019).

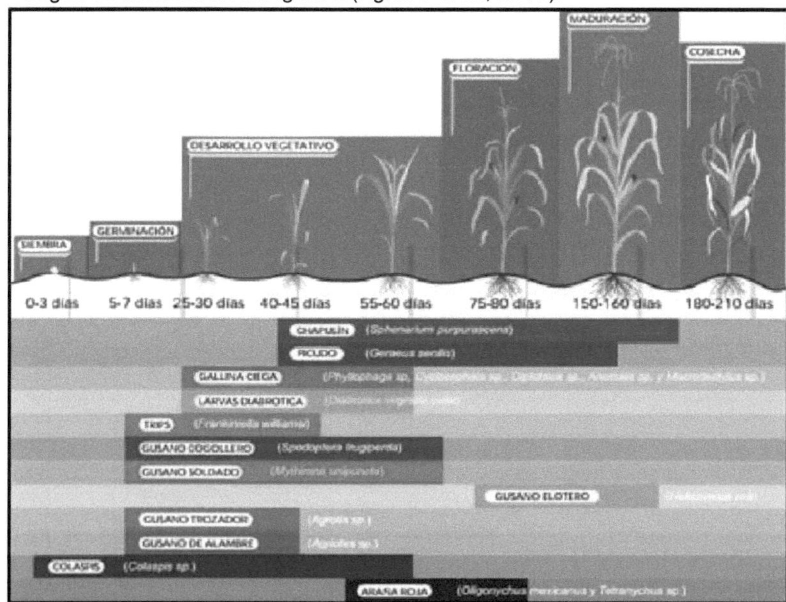

Figura 2. Incidencia de principales plagas en relación con el desarrollo fenológico del cultivo de maíz.

2.2.6. Etapa fenológica reproductiva del maíz

La etapa fenológica del maíz inicia cuando se visualiza la espiga del maíz y termina hasta que se tiene la madurez fisiológica del cultivo (capa negra en el punto de inserción del grano con el elote). Durante esta etapa se presentan plagas como el picudo, chapulín, araña roja y gusano elotero (*Helicoverpa zea*) (Bernardino *et al.*,2019).

La incidencia de plagas durante el crecimiento vegetativo se ve reflejada en la fase reproductiva del maíz, llegando a causar grandes pérdidas en el potencial de rendimiento, debido a la reducción en el abasto de fotosintatos para el crecimiento de los granos. El ataque de gusano elotero a los granos de maíz puede ocasionar una infección por el hongo *Aspergillus flavus*, el cual es responsable de la producción de aflatoxinas, sustancias altamente cancerígenas para el hombre (Bernardino *et al.*,2019).

2.2.7. Requerimientos edafoclimáticas del maíz

La planta de maíz se puede desarrollar en regiones que presenten módulos pluviométricos de 450-900mm, bien distribuidos durante la estación de crecimiento. Sin embargo, aun esta cantidad no es suficiente si la humedad no puede ser almacenada en el suelo, ya sea por poca profundidad de estos o por escurrimiento o si la evaporación es grande por causa de elevadas temperaturas y la baja humedad relativa (Brush, 2018).

Tabla 1. Requerimientos edafoclimáticas del cultivo del maíz

Adapt.	Temp. °C	Precp. mm/ciclo	Text.	Prof. (cm)	Pte. (%)	PH
Optimo	19-24	700-850	Franco	+60	-15	Neutro
Bueno	15-19 24-28	500-700	850-1000	Franco arenoso	40-60 15-30	Acido
Marginal	+28	-500 y +1000	Franco arcilloso	----------	30 o más	Acido/Alcalino

Fuente: (Brush, 2018).

2.2.8. Fisiología del maíz

La planta de maíz incrementa su peso lentamente al principio del ciclo de crecimiento. a medida que más hojas se exponen a la luz solar, la tasa de acumulación de materia seca aumenta gradualmente, bajo condiciones favorables las partes aéreas de las plantas continuará en una tasa diaria constante hasta alcanzar la madurez. Los rendimientos más altos se obtienen cuando las condiciones ambientales sean favorables en todos los estadios de crecimiento. Condiciones desfavorables en los primeros estadios limitarán el tamaño de la hoja (maquina fotosintética) (Brush, 2018).

En los estadios más tardíos, las condiciones desfavorables afectan el normal crecimiento del elote, disminuye el número de estilos dando como resultado una pobre polinización de los óvulos lo que reduce el número de granos por mazorca (Brush, 2018).

El período total de crecimiento de la planta lo podemos dividir en dos: de la emergencia hasta la aparición de las barbas y de aquí hasta la madurez fisiológica, pudiendo señalar que es el primer período en el que puede ser más afectado por factores como la temperatura y la humedad. La exigencia de agua y elementos nutritivos por parte de la planta están en relación directa con el aumento de la materia seca y disminuye en las etapas sucesivas a la formación del grano (Brush, 2018).

El conocimiento de los distintos períodos de crecimiento y desarrollo de la planta es importante para realizar un adecuado manejo agronómico, los cuales se dividen en los siguientes períodos:

* Germinación y afianzamiento de la plántula.
* Desarrollo vegetativo.
* Diferenciación de la panoja y la espiga.
* Floración.
* Desarrollo y maduración del grano (Caicedo, 2017),

2.2.9. Labores culturales

2.2.9.1. Preparación del suelo

La preparación del suelo en el cultivo de maíz depende del sistema de producción que tiene cada región. El principal objetivo de la labranza es favorecer aquellos procesos naturales que crean en las tierras las condiciones más favorables para la germinación de semillas y el crecimiento de plantas (Maffei y Bueno, 2018).

El pase de grada depende del tipo de suelo, En suelos de textura franca, lo más recomendable es un pase y en los arcillosos se pueden hacer dos o tres pases (dado las características de sus agregados). Desde el punto de vista de conservación, los suelos se tienen que roturar al mínimo, sin perder el objetivo del cultivo (Maffei y Bueno, 2018).

2.2.9.2. Siembra

La época de siembra del cultivo del maíz está de acuerdo a la precipitación de la zona o región. Para la costa del pacifico las épocas de siembra son conocidas como primera y postrera, pues en ellas se dan las condiciones ecológicas más favorables para la producción. Especialmente en cuanto a la menor incidencia de reducción de la misma, enfermedad ampliamente difundida en el pacífico. Dentro de la siembra se llevan a cabo dos parámetros:

* **Selección de semillas:** El uso de semillas de variedades criollas trae como consecuencia en la mayoría de los casos bajos rendimientos, por tanto, es necesario fomentar el uso de variedades mejoradas, para lograr rendimientos altos lo cual requiere del conocimiento de sus características agronómicas para su adecuada recomendación. Ello significa tomar como criterio principal la región, ya que existen en el país diferentes variedades de maíces mejorados que presentan comportamiento diverso, especialmente en lo relacionado al período vegetativo.

- **Densidad de población:** La densidad de población está condicionada por la humedad disponible en la zona o región, fertilidad natural o inducida del suelo, variedad, así como el uso de la producción (Maffei y Bueno, 2018).

2.2.9.3. Control de malezas

Experiencias en el campo han demostrado que las pérdidas causadas por malezas son de igual magnitud o mayores que las ocasionadas por insectos y enfermedades; por tanto, el control de malezas debe ser sistemático e integrado: Control cultural, control químico, control mecánico (Maffei y Bueno, 2018).

2.2.9.4. Fertilización

Comprende, según Maffei y Bueno (2018), dos fases, tal como se muestra a continuación:

- **Fertilización de base:** Al momento de la siembra se debe fertilizar con una fórmula completa, por ejemplo 12-30-10 a 2 qq/Mz; o 16-36-00-2S, a 2 qq/Mz; Las fórmulas completas sin K se pueden usar debido a que los suelos del pacífico son ricos en ese nutriente.

- **Fertilización complementaria:** Se debe proporcionar el N necesario para la planta y para el llenado del grano; se puede hacer en una sola aplicación de 3 qq/Mz de Urea al 46% de N a los 30 días. Aunque lo ideal sería aplicar la Urea fraccionada, 150 Lbs/Mz a los 20 días y 150 Lbs/Mz a los 40 días.

2.2.10. Biodiversidad intraespecífica

Desde el punto de vista genético del reino vegetal, la biodiversidad intraespecífica se refiere a la diversidad en la misma especie o diversidad de genes dentro de una especie. Por ejemplo, los bananos barraganete y el orito pertenecen al género *Musa* (Caballero *et al.*, 2019).

La biodiversidad intraespecífica es la variación de genes y genotipos entre las especies y dentro de ellas. Se considera que es la suma de la información genética que contienen los genes de las plantas, los animales y los microorganismos que habitan la Tierra. La diversidad dentro de una especie permite que ésta pueda adaptarse a los cambios ambientales, del clima, de los métodos agrícolas que son empleados, o ante las plagas y enfermedades que pueden afectarla (Gómez y Minelli, 2017).

Mientras que, para Rendón y Aragón (2017), se refieren a que es la variación hereditaria dentro y entre poblaciones de determinada especie o grupo de especies. La diversidad genética que tienen las especies les permite responder y adaptarse o no a las características o cambios en su entorno. Esto se realiza a nivel cromosómico, donde se realizan poco a poco recombinaciones o mutaciones que pueden dar mejores o peores características adaptativas.

La biodiversidad intraespecífica contribuye a la capacidad de las comunidades ecológicas para resistir o recuperarse de los disturbios o cambios ambientales, incluyendo cambios climáticos relativamente largos. La variación genética de las especies es la base fundamental de la evolución, la adaptación de las poblaciones silvestres a las condiciones locales del medio ambiente, el desarrollo de la especie animal y de las variedades de especies cultivadas han producido significativos beneficios directos (Rendón y Aragón, 2017).

2.2.11. Importancia de la biodiversidad intraespecífica

Es importante porque genera un análisis integral del ser humano, pues él forma parte de la biodiversidad y que la sociedad humana ha transformado, transforma y transformará la naturaleza. Las modificaciones que el hombre realiza en la naturaleza, tienen que ver con las actitudes individuales y colectivas (Rimache, 2018).

Actualmente, la agroecología está incorporando a la biodiversidad intraespecífica, su manejo y conservación en la explicación de la estructura y función de los ecosistemas, de tal manera que el hombre pueda incorporar y regresar a esta nueva idea de su pertenencia a la naturaleza (Rimache, 2018).

La importancia de la biodiversidad intraespecífica radica en el pasado, en el presente y en el futuro. Porque desde allí partimos hace unos 4.000 millones de años; en el presente, porque es en lo que hoy se centra al momento de obtener un cultivo y producción de calidad y, en el futuro, porque es el compromiso de todos y cada uno de los seres humanos conocer, proteger y conservar lo diverso a la hora de obtener una buena producción (Rimache, 2018).

2.2.12. Pérdida de biodiversidad intraespecífica

Las causas de pérdida de la biodiversidad se atribuyen a fallas del mercado local y global. Estas causas se han venido originando por una mala distribución del beneficio económico de la investigación en biotecnología. Por lo tanto, los únicos beneficiarios de la biodiversidad intraespecífica son los que invirtieron en la investigación, esto se debe a que los pequeños productores o personas dueñas de la biodiversidad, ya que desconocen el potencial que oculta la riqueza biológica (Navarrete, 2017).

Mientras sepan darle utilidad a la biodiversidad, esta se conservará, pero en medida que se vayan perdiendo los conocimientos ancestrales y no se halle utilidad a las propiedades principales de cada planta, se generará una erosión genética. El hecho de poseer la tecnología significa una ventaja ante el que utiliza la biodiversidad, más aún si no se dispone de la tecnología necesaria para el mejoramiento de semillas como es la agrobiodiversidad (Navarrete, 2017)

Actualmente, los informes indican que la política agrícola común (o PAC) no ha sido eficaz a la hora de frenar el declive observado en la pérdida de la biodiversidad intraespecífica. Según estos, el número y la variedad de especies vegetales en las tierras agrícolas está reduciéndose desde hace décadas (Poehlman y Sleper, 2015).

El declive se nota especialmente en el número de variedades intraespecíficas que existen hoy día, que constituyen un buen indicador de la pérdida, habiendo disminuido en más de un 30 % de los valores recogidos en 1990. Más difícil de evaluar es la pérdida de diversidad vegetal agraria, aunque los monocultivos intensivos suponen una importante pérdida, para la biodiversidad agraria (Poehlman y Sleper, 2015).

2.2.13. Competencia intraespecífica

La competencia intraespecífica generalmente conduce a una reducción del crecimiento y el desarrollo de los individuos debido a los cambios en las cantidades de los recursos en reserva (Sánchez y Ruiz, 2016). La densidad de los individuos en el espacio modifica la disponibilidad del recurso luz, a medida que los individuos se aproximan las interacciones son más negativas.

De acuerdo con la competencia intraespecífica (Salazar y Aldana, 2018) mencionan que es cuando las competidoras son de la misma especie. Además de eso, el efecto ulterior es una reducción en la contribución de individuos a la próxima generación, el recurso por el que se compite es limitante, los efectos son recíprocos y denso-dependientes.

2.2.14. Mezclas intraespecíficas de Maíz

La variación genética del maíz está directamente asociada a los nichos ecológicos donde prevalecen condiciones ambientales específicas. En los sistemas agrícolas tradicionales, particularmente bajo condiciones de temporal, el principal insumo genético lo constituyen las poblaciones adaptadas criollas o poblaciones de amplia base genética (Ortega, 2017).

Tradicionalmente, la conservación de estos materiales se realiza a través de estrategias de conservación ex situ, sin embargo, se ha reconocido que el manejo de las poblaciones por los agricultores es una importante estrategia para conservar y aprovechar su variación genética (Ortega, 2017).

El ideotipo es la programación o un proyecto sobre los caracteres más favorables que debe contener una planta o variedad, de acuerdo con las condiciones ecológicas de una región y con su manejo agronómico (temporal, número de riegos, fertilización, herbicidas) y en general qué prácticas de cultivo se darán de modo que el genotipo sea el óptimo y así se manifieste el fenotipo de la variedad que se desea formar con la metodología de fitomejoramiento, la cual después se usará según sea el ideotipo proyectado (Ortega, 2017).

La diversidad de una especie está constituida por todas las variaciones genéticas, producto de la diferencia de las especies, dichas especies pueden ser más o menos diversas (Gómez y Minelli, 2017).

La variabilidad genética se aplica a las características de una población y si no hay variación genética para dicha característica, el carácter no puede ser modificado por selección. Si un cambio en el ambiente o en las condiciones de vida afecta a esa característica, puede desaparecer (Gómez y Minelli, 2017).

Este mismo autor acota que, la variabilidad genética se origina por las mutaciones, la cual se produce por un cambio en un nucleótido en el sector de la cadena de ADN que codifica a un gene. Generalmente los individuos de una especie difieren entre sí en muchas características, dichas diferencias tienen causas genéticas y ambientales (Gómez y Minelli, 2017).

Es por ello que es importante mencionar a la variancia genética (Vg), debido a que, es un componente de la diversidad genética. Las diferencias en frecuencias alélicas de un gene que gobierna a una característica, puede crear una variabilidad fenotípica considerable, como la que se da en caracteres morfológicos como el color y forma de los frutos (Gómez y Minelli, 2017).

Ecuador es uno de los países con mayor diversidad genética de maíz por unidad de superficie, el preservarla representará el recurso natural renovable más importante para la supervivencia, sostenibilidad rural y seguridad alimentaria de las futuras generaciones.

Hasta el año 2018 se han registrado 760 entradas o colectas en el banco de germoplasma del Departamento Nacional de Recursos Filogenéticos y Biotecnología (DENAREF) del INIAP, que corresponden a materiales de las razas consideradas de altura (>2 200 msnm) (INIAP, 2008). Dichas colectas están clasificadas en 29 variedades, de las cuales 18 se cultivan en la Sierra, caracterizándose por ser de tipo harinosos y semiduros y se distribuyen de acuerdo con las preferencias de los agricultores y consumidores (Caicedo, 2017).

Mediante la diversidad genética no es posible estimar en términos estadísticos o cuantitativos a una especie, debido a que clasifica la especie en categorías intraespecíficas como razas o ecotipos; la diversidad genética relativa de una especie en una región se da en términos del número de categorías intraespecíficas. Generalmente para clasificar la diversidad de las especies alógamas, silvestres, agámicas y autógamas se utilizan las categorías intraespecíficas de raza, ecotipo, morfotipo y variedad respectivamente. Es por ello que a continuación se define cada una de dichas terminologías (Caicedo, 2017).

2.2.15. Raza

Una raza es un agregado de poblaciones de una especie que tienen en común caracteres morfológicos, fisiológicos y usos específicos. Sin embargo, sus características distintivas no son lo suficientemente diferentes como para constituir una subespecie diferente (Rendón y Aragón, 2017).

En el reino vegetal, la clasificación en razas debe ser aplicada sólo a especies cultivadas. Las razas están íntimamente relacionadas a las culturas. Por ejemplo, las razas de maíz son parte del patrimonio cultural de los pueblos, como son sus costumbres, su música, su idioma y muchas otras manifestaciones culturales (Rendón y Aragón, 2017).

A pesar de que el maíz es una especie alógama y por lo tanto existe una gran cantidad de polinización cruzada entre razas, lo que produce muchos híbridos interraciales, las razas pueden ser individualizadas y universalmente identificadas. Todos pueden reconocer, con un mínimo de entrenamiento y experiencia, la raza Tuxpeño de México, el Olotón de Guatemala, el Montaña de Colombia, Chillos de Ecuador, Cusco de Perú, el Kcello de Bolivia, el Cristalino Chileno, el Calchaqui argentino, el Avatí Morotí de Paraguay, etc (Rendón y Aragón, 2017).

2.2.16. Ecotipo

Es el producto de la adaptación de una especie a un ambiente particular. Ecotipo no es sinónimo de raza. Lo que define al ecotipo es principalmente su área de adaptación. Tanto las razas como los ecotipos son interfértiles. Los ecotipos son ocasionalmente aislados por barreras geográficas y en ese caso se les denomina geo-ecotipos (Rendón y Aragón, 2017).

El término ecotipo se debe usar sólo para especies silvestres. Los científicos que colectan poblaciones silvestres, principalmente forestales, usan el término "procedencia" para indicar el origen de la muestra colectada. Una procedencia no es necesariamente un ecotipo; varias procedencias distintas, aún muy alejadas unas de otras, pueden corresponder a un mismo ecotipo (Rendón y Aragón, 2017).

Para distinguir los ecotipos es necesario sembrar todas las procedencias juntas en una localidad o en varias localidades dentro del área de adaptación de una especie. Varias procedencias se agrupan dentro de un mismo ecotipo si muestran caracteres morfológicos y reacciones fisiológicas similares (Rendón y Aragón, 2017).

2.2.17. Variedad

El término variedad para describir la diversidad de las especies cultivadas autógamas será usado, aun conociendo que desde 1961, cuando se publicó el Código de Nomenclatura de Plantas cultivadas, se adoptó el término "cultivar" en reemplazo de "variedad", debido a que éste es, según el código, muy impreciso.

El nombre de variedad se reserva en el código para ciertas categorías intraespecíficas de poblaciones naturales silvestres. Sin embargo, la división de toda la diversidad de una especie en cultivares no tiene sentido; lo más probable es que todos los cultivares de una especie cultivada provengan de un sector muy limitado de la diversidad (Rendón y Aragón, 2017).

2.2.18. Morfotipo

En las plantas agámicas o de reproducción vegetativa, se usa el morfotipo para diferenciar poblaciones e individuos. Un morfotipo está definido por una serie de características, principalmente morfológicas. Un morfotipo está formado por plantas que son similares morfológicamente; muestran el mismo fenotipo, pero no necesariamente son de la misma constitución genética (Rendón y Aragón, 2017).

2.2.19. Variedades nativas

Las variedades recolectadas en regiones donde el cultivo se originó o diversificó, se denominan variedades nativas o autóctonas o tradicionales, o sea aquellas variedades que usan los agricultores tradicionalmente, y que no han pasado por ningún proceso de mejoramiento sistemático y científicamente controlado, y cuya semilla es producida por los mismos agricultores (Rendón y Aragón, 2017).

Las variedades nativas cuya semilla se colecta y se mantiene en bancos de germoplasma, debidamente identificadas con su información de origen y localización geográfica (pasaporte) se denominan "accesiones" (Rendón y Aragón, 2017).

El objetivo del mejoramiento genético es el de introducir diversidad genética, teniendo como principal actividad el de escoger dentro de una población, a los individuos que ofrecen las mejores características, logrando una evolución acelerada de dicha población seleccionada. Para ello es necesario que exista variación no solo fenotípica sino también genética (Caicedo, 2017).

El mejoramiento de plantas cultivadas tiene un objetivo principal, que es la creación de variedades de alta producción por unidad de superficie, en un determinado medio y 15 con determinados procedimientos culturales. Por eso, el mejoramiento de especies cultivadas procura la obtención de materiales:

- Resistentes a plagas, enfermedades y acame de tallos.
- Precoces y productivos.
- De fácil adaptación.
- Y nutritivamente ricos en proteína, almidón, aceites, etc. (Caicedo, 2017).

2.2.20. Multilíneas y mezclas para el control de enfermedades

Las multilìnieas y mezclas originalmente están pensadas para la aplicación de la estrategia protección, aunque hoy es posible la protección vegetal mediante otros sistemas de control no genéticos. El control genético utiliza la variabilidad genética de las plantas para obtener variedades con diversos grados de resistencia o de tolerancia frente al ataque de determinados organismos productores de plagas (Quintana, 2019).

En este sentido, la selección genética se ha dirigido al desarrollo de variedades resistentes, de portainjertos resistentes, al estudio de determinadas técnicas de cultivo como multilíneas y mezclas, y al desarrollo de plantas transgénicas (Quintana, 2019).

Las variedades multilìneales, es decir mezclas de líneas genéticamente relacionadas que portan diferentes genes de resistencia a las enfermedades, ofrecen a los agricultores una alternativa para domeñar el surgimiento de plagas a los cultivos (Quintana, 2019).

Las multilíneas son una opción mecánica- biológica combinada para obtener resistencia generalizada. Aunque puede surgir una nueva raza capaz de atacar una de las líneas componentes, no podrá multiplicarse rápidamente porque dicha línea está rodeada de plantas que portan diferentes genes de resistencia (Quintana, 2019).

Una variedad multilíneal se forma mediante la mezcla mecánica de semilla de varias líneas similares en apariencia y constitución genética, pero que poseen diferentes genes de resistencia a las plagas y enfermedades. Las líneas se crían y se seleccionan de manera que sean casi idénticas en cuanto a altura, madurez, tipo de planta, calidad de grano y otras características (Quintana, 2019).

Por otro lado, Navarrete (2017) la describe como:

- Son mezclas de líneas isogénicas de especies autógamas.
- Su utilidad primaria fue para la resistencia a enfermedades
- Cada línea difiere en la resistencia cualitativa a un mismo patógeno.
- El objetivo es reducir la posibilidad que el patógeno quiebre los diferentes alelos para resistencia.

2.2.21. Enfermedades en el maíz

2.2.21.1. Roya del maíz *(Puccinia sorghi)*

Esta enfermedad conocida por atacar de forma endémica en la zona núcleo de la planta del maíz únicamente, provoca ataques severos se forman pústulas que provocan necrosis del tejido foliar, dando un aspecto de mancha foliar, además hojas enteras pueden morir si son afectadas. La roya es más notable hacia floración. El agente etiológico es un hongo heroico y macrocíclico que cumple aparentemente su ciclo en *Oxalis* spp. (estado picnídico y ecídico), y la otra parte (uredosórico y eleutosórico) en el maíz (Allen, 2017).

Figura 3. Síntomas de la enfermedad *Puccinia sorghi*

Para el tratamiento de la roya, lo más recomendable es utilizar híbridos resistentes/tolerantes a la enfermedad, así como también el uso de fungicidas de índole natural o ecológico (Allen, 2017).

2.2.21.2. Carbón de la espiga (*Sphacelotheca reiliana*)

Este es provocado por un hongo basidiomiceto que se denomina *Sporisorium reilianum* f. sp. zeae (Kühn) Langdon y Fullerton (Sinónimo de *Sphacelotheca reiliana* (Kühn) Clinton). Es un patógeno que sobrevive en el suelo y puede infectar al maíz. Su reproducción es mediante teliosporas, las cuales son esporas con dos núcleos al inicio, y que poco después se juntan durante la formación de la misma. El crecimiento y desarrollo solo se da en condiciones de campo o cuando el medio de cultivo contiene extracto de la planta de maíz. Este hongo puede permanecer en estado latente en el suelo durante años (Allen, 2017).

Figura 4. Daños causados por *Sphacelotheca reiliana*

2.2.21.3. Pudrición de tallo por antracnosis (*Colletotrichum graminícola* y *Glomerella graminícola*)

Es un patógeno fúngico que ataca al tallo de la planta; un estrés tras floración permite la aparición de la enfermedad. La forma de identificarlo es la coloración negra brillante o intensa en el tallo, se aplasta con facilidad cuando se presiona su base y cae con facilidad si se lo empuja. El mejo de esta enfermedad es la rotación de cultivo, el laboreo y utilizar resistencia genética (Allen, 2016).

Figura 4. Daños causados por *Colletotrichum graminícola*

2.2.21.4. Podredumbre de tallo y raíz (*Fusarium graminearum, Gibberella zeae, Scierotium bataticola, Macrophomifla phaseoli, Diplodia maydis*)

El patógeno predominante es el *Fusarium graminearum* y el *Gibberella zeae*, los cuales causan pudriciones en el tallo y raíz a medida que la planta se acerca a la madurez de la cosecha. Esta enfermedad progresa cuando la planta presenta estrés por sequía, enfermedades foliares, daños por insectos, bajas fertilizaciones o compactación (Allen, 2016).

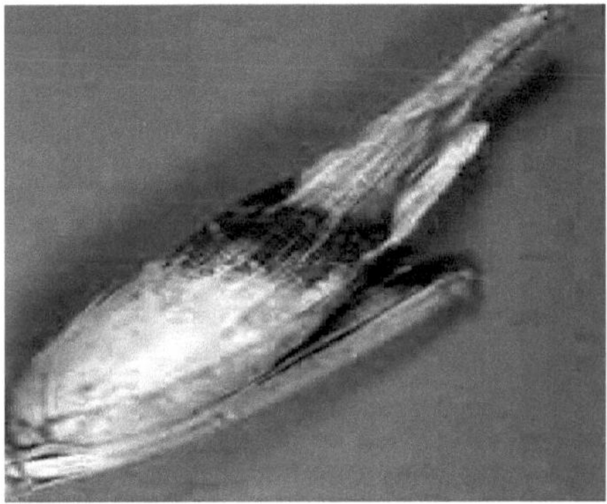

Figura 5. Síntomas de la enfermedad *Gibberella zeae*

2.2.22. Plagas en el cultivo de maíz

2.2.22.1. Gusano gris *(Segetum, Ipsilon, Exclamationis)*

El gusano gris son larvas de diversas mariposas que forman parte de los Noctuídos. Presentan un tamaño de entre 4 o 5 cm, enrollándose cuando notan el contacto de un posible depredador. Tienen un color grisáceo, y en el caso de la *Agrotis ípsilon* presenta franjas negras en sus anillos (RAP-AL, 2017).

Figura 6. Gusano *Agrotis ípsilon.*

El gusano gris causa daños sobre el cultivo del maíz con las mordeduras de la larva. Provocan un marchitamiento generalizado de las hojas centrales en la planta joven, expandiéndose con el tiempo al resto de la planta. Un ataque fuerte disminuye considerablemente el volumen de plantas en una plantación (RAP-AL, 2017).

La lucha contra el Gusano gris consiste en la aplicación de insecticidas (10% p/v (100 g/l) de Lambda cihalotrin, etc.) que en este último caso consiste en una pulverización foliar en concentraciones del 0,01-0,02 % (RAP-AL, 2017).

2.2.22.2. Taladro del maíz (*Sesamia nonagrioides*)

Esta oruga de la Sesamia se alimenta tanto de la mazorca como del tallo del maíz, comiéndose por dentro el pedúnculo que sostiene el penacho (flores masculinas), provocando su caída, y, por tanto, deteniéndose la fecundación (RAP-AL, 2017).

La producción de maíz cae súbitamente. En general en las plantas adultas existe cierta resistencia al taladro, consiguiéndose sólo una reducción de la producción y de la calidad. En el caso de plantas jóvenes, si se produce un ataque severo puede dañar por completo el cultivo (RAP-AL, 2017).

Figura 7. Adulto *Sesamia nonagrioides* causando daños
en el maíz.

El tratamiento contra el taladro del maíz consiste en la aplicación de insecticidas (10% p/v deltametrin en dosis de 0,125 L/ha, 48% clorpirifos en pulverización normal, 15-20 cc/10 L agua) (RAP-AL, 2017).

2.2.22.3. Mosca de los sembrados *(Phorbia platura)*

Este insecto díptero mide en torno a los 0,4-0,6 cm y le atraen las zonas húmedas, frescas o labradas. Las larvas de la mosca de los sembrados se desarrollan en las cavidades del suelo. Este hecho genera problemas en los granos sembrados. Éstos aparecen vacíos o con galerías excavadas por la larva. En el caso de que germine, la planta aparece deformada o con poca vigorosidad, debido a que las raíces están afectadas por la larva (RAP-AL, 2017).

Figura 8. Mosca *Phorbia platura.*

Para el control de la mosca de los sembrados en el cultivo de maíz es necesario la aplicación mediante insecticidas (10% p/v (100 g/l) de Lambda cihalotrin, etc.) con una aplicación de 0,01-0,02 % de producto (RAP-AL, 2017).

2.2.22.4. Gusano barrenador (*Elasmopalpus angustellus*)

El adulto del gusano barrenador del maíz mide entre los 21 y 25 mm de envergadura alar. Las alas del adulto son de color grisáceo en la hembra y de tonalidades claras en el macho. Las larvas pueden llegar a medir los 20 mm de largo, son de color gris oscuro con tonalidades negras en la cabeza (RAP-AL, 2017).

Figura 9. Daños producidos por *Elasmopalpus angustellus*.

Los daños que produce el gusano barrenador en el cultivo del maíz se basan en la perforación del tallo. En las hojas se pueden observar perforaciones uniformes (RAP-AL, 2017).

2.2.22.5. Oruga del maíz *(Heliothis armígera)*

Los daños causados por la oruga del maíz son producidos por las mordeduras de las larvas en tallos y frutos. Un ataque severo del cultivo provoca un segado completo del maíz. La oruga realiza la puesta, de forma aislada, en el envés de la hoja (RAP-AL, 2017).

Figura 10. Mariposa adulta *Elasmopalpus angustellus.*

La solución ante la oruga del maíz consiste en la aplicación de insecticidas (10% p/v deltametrin al 0,075-0,125 L/ha, 48% clorpirifos en concentración de 0,15-0,2% (150-200 cc/100 L de agua) (RAP-AL, 2017).

2.2.22.6. Pulgón del maíz (*Rhopalosiphum maidis*)

El pulgón del maíz afecta el cultivo debido a la succión que realiza sobre el material vegetal, en concreto hojas y espigas. Estos ataques causan clorosis, necrosis y pérdida de vigor de la planta. A menudo, si el ataque es severo produce una reducción del número de granos de la espiga. La época en que el pulgón realiza su ataque sobre el maíz con intensidad abarca desde la primavera hasta principio de verano (RAP-AL, 2017).

Figura 11. *Rhopalosiphum maidis causando* daño en el maíz.

Un tratamiento contra el pulgón del maíz consiste en la aplicación de insecticidas (10% p/v deltametrin, en concentraciones de 0,075-0,125 L/ha) (RAP-AL, 2017).

2.2.23. Gusano cogollero (*Spodoptera frugiperda*)

Esta plaga tiene una alta relevancia para el cultivo del maíz, siendo la más importante de todas las plagas, aunque también se le ha detectado en algunos otros cultivos como el frijol, la cebolla, alfalfa, tomate, pepino, entre otros (Romero, 2019).

Entre los problemas que se tienen para el control de la plaga son las condiciones adecuadas que se le proporcionan a la palomilla para que se reproduzca y disemine fácilmente al tener explotaciones masivas de gran superficie. Por otro lado, el uso indiscriminado de agroquímicos ha hecho que esta plaga se vuelva resistente y la efectividad de los productos sea baja (Romero, 2019).

Al igual que el resto de los noctuidos, la actividad de los adultos es nocturna, por lo que durante la noche son atraídos por la luz, especialmente a la ultravioleta. Similarmente a la atracción de la luz, las palomillas de gusano cogollero son atraídas por la melaza, lo que resulta útil para su monitoreo en campo (Romero, 2019).

2.2.23.1. Taxonomía

De acuerdo con Villamil *et al* (2017), la taxonomía del gusano cogollero es:

- **Reino:** Animalia
- **Filo:** Arthropoda
- **Clase:** Insecta
- **Orden:** Lepidoptera
- **Suborden:** Glossata
- **Infraorden:** Heteroneura
- **(sin rango):** Ditrysia
- **Familia:** Noctuidae
- **Subfamilia:** Xyleninae
- **Género:** *Spodoptera*
- **Especie:** *S. frugiperda*

2.2.23.2. Descripción

El gusano cogollero se alimenta de cultivos como maíz, algodón, granos pequeños, soya, pimiento y tomate. El daño ocurre cuando la larva perfora las flores y frutas de la planta hospedera y se alimenta dentro de la planta; las larvas también pueden alimentarse de las hojas de las plantas hospederas. Esta plaga invasiva se puede encontrar tanto en los ambientes del campo como en los invernaderos (Yanggen *et al.,* 2019).

El gusano cogollero tiene cuatro etapas de vida: huevo, larva, pupa y adulto. Los huevos son muy pequeños, con nervaduras que se extienden longitudinalmente a lo ancho de su superficie (Maya, 2016).

Cambian de color blanco amarillento a marrón oscuro justo antes de la eclosión. Las larvas pueden llegar a medir hasta 1.7 pulgadas de largo y varían en color desde verde azuloso hasta rojo castaño, con oscurecimiento después de cada muda. Las pupas son de color canela oscuro a marrón y 0.6 a 0.9 pulgadas de largo (Maya, 2016).

Los adultos tienen una envergadura de 1.4 a 1.6 pulgadas y varían en color. Generalmente, los machos son de color marrón amarillento, amarillo o marrón claro, y las hembras son de color marrón anaranjado (Maya, 2016).

Los adultos emergen desde finales de marzo hasta junio y ponen sus huevos en una variedad de plantas hospederas. Las larvas pasan por cinco a siete etapas de desarrollo. Una vez maduras, las larvas caen al suelo y se convierten en pupas para pasar el invierno en el suelo, y emergen como polillas en la primavera (Maya, 2016).

Durante su ciclo biológico pasa por los estadios de huevo, larva, pupa y adulto, y su ciclo de vida se completa aproximadamente en 30 días en verano, 60 días en primavera y 90 días en el invierno (PAN International, 2016).

Esta especie puede tener generaciones superpuestas, lo que significa que diferentes etapas de vida pueden estar presentes al mismo tiempo. El número de generaciones al año puede variar mucho, dependiendo del clima. Por lo general, esta plaga puede tener 2 a 5 generaciones al año en las regiones templadas, y hasta 11 generaciones al año en las regiones tropicales (Pesticide Action Network, 2018).

Dependiendo de las temperaturas el ciclo completo de la plaga puede durar entre 30 y 70 días, siendo más corto en condiciones de mayor temperatura y viceversa. En cada generación, el ciclo de la plaga está divido en cuatro estados. La duración de los mismos varía: (i) Como pupa (apenas enterradas en el suelo o sobre los rastrojos), dura entre 6-13 días; (ii) como adulto, 6 a 20 días; (iii) como huevo, entre 2-5 días y, (iv) como larva, entre 17 a 32 días (en esta etapa pasa por 6 a 9 estadíos) (Pesticide Action Network, 2018).

En general, las pupas mueren en un altísimo porcentaje al estar expuestas durante periodos cortos, por ejemplo, de 15 días a temperaturas por debajo de 8°C. En algunas regiones del norte del país, donde las condiciones sean favorables (temperatura), el insecto pasaría el invierno en estado de pupa enterrado en el suelo. Hacia el centro y sur de la zona agrícola argentina, las primeras infestaciones provendrían de migraciones de zonas más cálidas (Pesticide Action Network, 2018).

2.2.23.3. Reproducción

Una hembra puede ovopositar más de 1000 huevecillos durante su periodo reproductivo. Estos eclosionan en tres o cinco días: las larvas al nacer se alimentan de un área foliar reducida, pero en los días siguientes se distribuyen a plantas vecinas, estableciéndose en el cogollo. Tienen hábitos caníbales, por lo que a partir del tercer periodo solo se observa una larva por cogollo (Ramírez y Lacasaña, 2018).

Pasan por seis estadios de desarrollo en un tiempo de 14 a 21 días, de acuerdo a la temperatura, la etapa de pupa, ocurre en el suelo y alrededor de 9 a 13 días, después emerge el adulto (Corra, 2019).

Los huevos del gusano cogollero (*Spodoptera frugiperda*) duran de 3 a 5 días en eclosionar, son depositados en masa de hasta 300 unidades en cualquier superficie de las hojas cubierta por una tela fina formada con las escamas del cuerpo de la hembra adulta (Corra, 2019).

2.2.23.4. Nivel de severidad

El gusano cogollero puede atacar al maíz desde su germinación hasta la madurez del cultivo. Los ataques tempranos pueden afectar estados vegetativos de desarrollo mientras que los tardíos pueden dañar las espigas. (Pirkle, *et al.*, 2016).

Los daños más importantes se producen desde los primeros estados vegetativos, aunque también en estados más avanzados atacan las panojas de maíz y sorgo, así como fundamentalmente las espigas del primero, generalmente en su base y parte media (Pirkle, *et al.*, 2016).

En implantación la plaga actúa como cortadora, cuando el barbecho previo se mantuvo sucio, con predominancia de malezas gramíneas. Con cultivo emergido, tiene preferencia por el cogollo de maíz. En este caso las plantas dañadas se recuperan, pero sufren un considerable atraso. Como paso previo a perforar el cogollo, daña las hojas con distinta intensidad en función del desarrollo de su aparato bucal (Timoty, *et al.*, 2016).

La cuantificación del daño de *Spodoptera frugiperda* depende del nivel de infestación y el estado fenológico del cultivo, pudiendo oscilar el Umbral Económico entre 10 y 50 % de plantas infestadas (Timoty, *et al.*, 2016).

La Sección Entomología del Instituto Nacional de Tecnología Agropecuaria - INTA Pergamino estableció una escala de daños/grados:

Grado 1, sólo roen la epidermis de las hojas sin perforarlas, dejando manchas translúcidas conocidas como "ventanitas".

Grado 2, la defoliación de hojas es moderada y se comienza a observar presencia de aserrín o excrementos (Villamil et al., 2017).

Grado 3, los daños en el cogollo intenso y comprometen a la planta; se observan larvas grandes y gran cantidad de excrementos. Consumen la lámina foliar produciendo perforaciones irregulares, y se dirigen hacia el cogollo, para alimentarse y protegerse (Villamil *et al.*, 2017).

41

El verdadero daño que produce en el cogollo es al momento de penetrarlo. Hasta el estado de 4 hojas, come hojas haciendo daños intensos, pero sin llegar a matar la planta, ya que el ápice o meristema de crecimiento se encuentra debajo del nivel del suelo, pero entre 4ta. y 6ta. hoja la isoca se alimenta del primordio apical y la planta muere. En años de altas infestaciones tardías puede dañar la espiga (Villamil *et al.,* 2017).

III. MATERIALES Y MÈTODOS

3.1. Localización del proyecto de investigación

Esta investigación de campo se llevó a cabo en la Finca Experimental "La María" que pertenece a la Universidad Técnica Estatal de Quevedo, misma que está ubicada en el Km 7 de la vía Quevedo – El Empalme, bajo las siguientes coordenadas geográficas: 79° 27' longitud oeste y 01° 06' de latitud sur, a una altitud de 85 m.s.n.m.

3.2. Características edafoclimáticas del suelo

En la siguiente tabla, se muestran las características edafoclimáticas de la zona donde se realizó a cabo la investigación.

Tabla 2. Características edafoclimáticas de la Finca Experimental "La María" UTEQ - Mocache

Parámetros	Promedio
Precipitación media anual (mm)	2223.80
Temperatura media anual (°C)	26 °C
Humedad relativa (%)	83
Heliofanía anual (Horas/luz/año)	894.66 horas/luz/año
Topografía	Relieve irregular
pH del suelo	6.5

Fuente: Estación Agrometeorológica del INIAP. Instituto Nacional de Meteorología e Hidrología (INAMHI), Estación Experimental Tropical Pichilingue, (2021).

3.3. Factor de estudio

3.3.1. Material genético

El material genético utilizado, fueron dos híbridos comerciales (DAS 3385, INIAP 551) y dos variedades criollas de maíz de la colección del banco de germoplasma que tiene el INIAP – Pichilingue.

3.4. Diseño de la investigación

3.4.1. Diseño y análisis estadístico de la investigación

En cuanto al diseño y análisis estadístico fue necesario la utilización de un diseño de bloques completos al azar aplicados a diez tratamientos y con tres repeticiones. En cuanto a la comparación de las medias de los tratamientos se empleó la prueba de Tukey al 5% de probabilidad.

3.5. Tratamientos en estudio

En cuanto a las mezclas que fueron sembradas, estas provinieron de cuatro cultivares que poseen un mayor potencial en cuanto a aceptación de compra por parte de los productores, lo que significa que se utilizaron dos híbridos comerciales predominantes que se combinaron con dos variedades criollas que poseen características importantes en cuanto a resistencia y tolerancia a los problemas sanitarios prevalentes.

Además, se procedió a comparar las parcelas de monocultivo con las de la mezcla intraespecífica, lo que resultó en diez combinaciones de cultivares, tal como se muestra en la siguiente tabla:

Tabla 3. Combinación de híbridos usados en los diferentes niveles de mezclas y monocultivo, en función de sus características de resistencia a problemas fitosanitarios y sus características agronómicas.

N.º	Mezclas de híbridos y variedades criollas de maíz
1	INIAP-551 + maíz criollo Manabí
2	INIAP-551 + maíz criollo Palenque
3	DAS-3385 + maíz criollo Manabí
4	DAS-3385 + maíz criollo Palenque
5	INIAP-551 + maíz criollo Manabí + maíz criollo Palenque
6	DAS-3385 + maíz criollo Manabí + maíz criollo Palenque
7	INIAP-551
8	DAS-3385
9	Maíz criollo Manabí
10	Maíz criollo Palenque

Elaborado por: Autora (2021).

3.6. Delimitación del experimento

En este apartado, se procedió a describir las características del experimento realizado en el trabajo de campo. Tal como se muestra a continuación:

Tabla 4. Características del experimento a estudiar.

Características	
Dimensiones de cada unidad experimental	5,0 m * 3,20 m
Área de cada unidad experimental	16 m^2
Distancia entre hileras de maíz	0.80 m
Distancia entre plantas	0.20 m
Número de hileras por parcela	4
Número de plantas por hilera	25
Número de plantas por unidad experimental	100
Número de plantas útiles por unidad experimental	50

Elaborado por: Autora (2021).

3.7. Manejo del experimento

3.7.1. Preparación del suelo

Una vez seleccionada el área en la cual se trabajó y se llevó a cabo la investigación se procedió a preparar el suelo del terreno con dos pases de rastra, con la finalidad de que este quede listo para la siembra.

3.7.2. Siembra

Esta fase se procedió a realizarla de forma manual, empleando un espeque en el cual se depositaron 2 semillas por golpe, de acuerdo a una distancia entre plantas de 0.20 m, además la semilla fue curada con Vitavax 400 de acción sistémica, antes del proceso de siembra con el objetivo de que esta no sea dañada por los ataques de insectos u hongos.

3.7.3. Control de malezas

En cuanto el control de maleza, se empleó dos tipos de controles:

El método cultural, mismo que consistió en usar prácticas de manejo que le proporciono al cultivo un mayor manejo y facilidad en el control de las malas hierbas. Y, por otra parte, se usó el control químico, en el que se utilizó un pre-emergente (Glifosato y un Amino 6), a los 15, 30, 45 y 60 días después de la siembra.

3.7.4. Control de plagas y enfermedades

No se realizó ninguna aplicación de agroquímicos para el control de plagas y enfermedades, debido a la naturaleza de la investigación, para no interferir en las variables que fueron evaluadas.

3.7.5. Fertilización

En la fase de fertilización se empleó NPK (Nitrógeno (N), Fósforo (P) y Potasio (K)), a los 8, 20, 35 y 60 días después de la siembra, también se aplicó el fertilizante foliar (EVERGREEN) en dosis de 0,5 a 1 litro por hectárea, a los 25, 45, 65 días posteriores de la siembra.

3.7.6. Cosecha

El proceso de cosecha se llevó a cabo manualmente, cuando se observó que las plantas presentaron total madurez fisiológica a los 120 días.

3.8. Variables evaluadas

3.8.6. Altura de planta

Para la variable altura fue medir desde el nivel del suelo hasta la base de la panoja masculina.

En lo que respecta a las muestras de las 10 plantas tomadas al azar de cada parcela útil, se empleó una regla para realizar la medición y la unidad expresada fue en metros. Esta actividad se evaluó 60 días después de la siembra.

3.8.7. Altura de inserción de mazorca

Se seleccionó un total de 10 plantas al azar que se encuentren en el área útil de cada parcela del experimento y se las midió con cinta métrica desde la base del tallo hasta el nódulo de la inserción de la mazorca, para luego sacar el promedio y se expresó la media en centímetros.

3.8.8. Peso de 100 semillas

Por cada tratamiento y en tiempo de la cosecha se procedió a tomar mazorcas al azar de cada parcela del área de experimento para luego pesar cien semillas.

3.8.9. Longitud de mazorca

Se midió la longitud de la mazorca midiendo desde la parte inferior hasta el ápice, y luego se sacó el promedio de los valores y expresados en centímetros. Esta actividad requirió tomar diez mazorcas al azar en tiempo de cosecha que correspondieron a cada parcela del área del experimento.

3.8.10. Peso de granos por mazorca

Se tomaron diez mazorcas al azar correspondientes a cada parcela del área de experimento y se procedió a registrar el peso de los granos y a expresarlos en gramos.

3.8.11. Relación grano-tuza

La relación grano/tuza se determinó al tomar una muestra de diez mazorcas desgranadas de forma manual, dividiendo el peso del grano por el peso de la tusa.

3.8.12. Rendimiento

Se procedió a registrar el peso de todo el grano obtenido en cada unidad de las parcelas experimentales, luego se llevaron dichos valores a kg ha^{-1} mediante regla de tres simples.

3.8.13. Niveles de severidad de enfermedades foliares (*Curvularia lunata, Spiroplasma kunkellii, Puccinia sorghi* y *Helminthosporium* spp.).

Se seleccionó plantas en las que se midió el daño causado por las enfermedades foliares, para ello se empleó la escala arbitraria propuesta por el CIMMYT, y se procedió a evaluarlas a los 45 y 65 días de edad del cultivo.

A continuación, se muestra dicha escala, que muestra los valores a considerarse:

Tabla 5. Escala arbitraria de CIMMYT

Escala	Porcentaje de 0 – 100	Daño
1	0	Ninguno
2	0 - 5	Leve
3	5 – 20	Moderado
4	20 - 50	Severo
5	50 - 100	Muy severo

Fuente: CINMYT (2019)

3.8.14. Nivel de severidad del gusano cogollero por daño/planta

Para identificar, conocer y evaluar el nivel de daño causado por (*Spodoptera frugiperda)*, se procedió a realizar el monitoreo del cogollo de las plantas en toda el área útil de las unidades experimentales.

Esta evaluación se llevó a cabo mediante la toma de veinte plantas por tratamiento, en el que se registró el número de plantas que se encontraron sanas y dañadas también, esto se realizó de acuerdo a la escala de Davis tabla 6 y se procedió a evaluarlas a los veinte y treinta días de edad del cultivo, tomando en cuenta los siguientes aspectos:

- Hojas roídas
- Excretas frescas
- Perforaciones de la hoja.

Tabla 6. Escala de daños de larvas de *Spodoptera frugiperda* en hojas.

	Características
1	lesiones mínimas en las hojas del cogollo.
2	pequeños agujeros y lesiones circulares.
3	pequeñas lesiones circulares y pocas lesiones alargadas 1,3 cm.
4	lesiones alargadas entre 1,3 - 2,5 cm en hojas del cogollo y en hojas desplegadas.
5	lesiones alargadas >2,5 cm y pocos orificios grandes pequeños a medianos, uniformes irregulares.
6	lesiones alargadas >2,5 cm con pocos orificios grandes.
7	muchas lesiones alargadas de todos los tamaños y varios orificios grandes.
8	muchas lesiones alargadas de todos los tamaños y muchos orificios grandes.
9	planta prácticamente destruida.

3.9. Análisis estadístico de datos

El análisis de datos se realizó mediante un análisis de varianza y prueba de Tukey con el objetivo de hacer una comparación de los tratamientos (prueba de hipótesis) y la predicción de una respuesta (variable dependiente) a partir de las variables dependientes para tener un estricto cumplimiento, con el fundamento de que, si la dispersión de datos es elevada, los datos se pudieron llegar a ajustarse a la normalidad.

Dada la naturaleza de este experimento, tratando de racionalizar la información que se deriva de ella, las variables se analizaron desde dos puntos de vista distintos: por un lado, la situación de las mezclas mismo (el diseño incluye el monocultivo o un solo cultivar/parcela, hasta la mezcla de tres genotipos, el número de mezclas estará dispuesto de acuerdo al número de componentes o genotipos que lo integren, donde también se hizo un análisis estadístico de acuerdo al número de componentes).

IV. RESULTADOS

4.1. Altura de planta

De acuerdo con los datos de la recopilación, se identificó la altura de la planta de a cada una de las mezclas de maíz y monocultivos. En las que se evidenció que la planta más alta con 2,64 metros de altura fue el tratamiento monocultivo MC Manabí, seguidos de las de DAS + MC Palenque y DAS + MC Manabí + MC Palenque con 2,59 m, adicionalmente la mezcla de maíz de DAS + MC Manabí obtuvo 2,58 m, y la de INIAP + MC Manabí obtuvo una altura de 2,50. Estas plantas fueron de mayor altura, mientras que las restantes están entre 2,30 a 2,45 metros.

Es evidente la diferencia y la incidencia que tienen las diferentes características de las semillas y la forma de cuidado y producción en la altura de la planta.

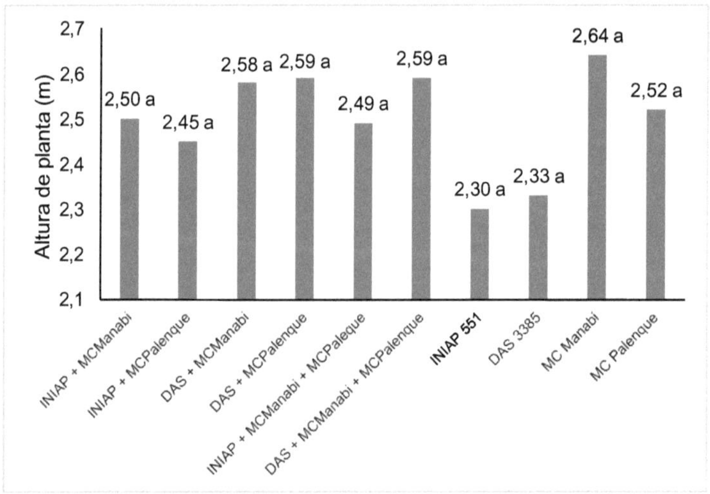

Figura 13. Altura de planta (m) en diferentes mezclas intraespecíficas de maíz y monocultivos.

4.2. Altura de inserción de mazorca

Se puede evidenciar en los resultados del experimento, que el tratamiento MC Manabí dio como total en la medición 139,30 cm de altura de inserción de mazorca, la combinación INIAP + MC Palenque con 130,33 cm, las dos mediciones de INIAP + MC Manabí obtuvieron 128,84 cm, DAS + MC Palenque midió, 126, 41cm. Los demás tratamientos como INIAP 551, DAS 3385 y MC Palenque, estuvieron por debajo de la media (normal), entre 117,38 hasta 119,18 cm, respectivamente.

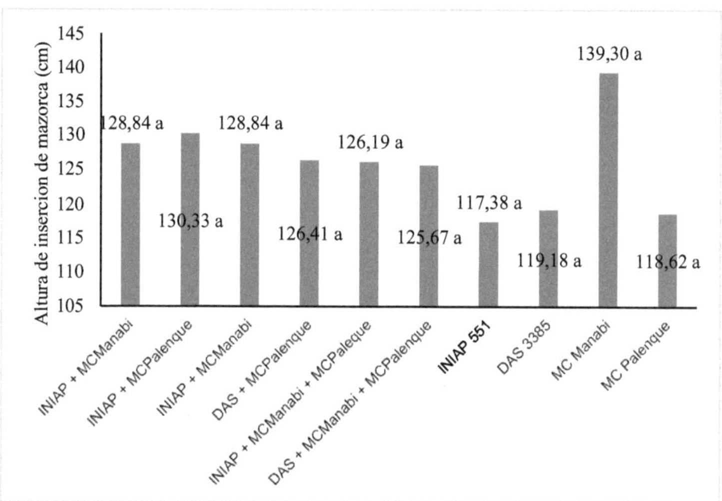

Figura 14. Altura de inserción de mazorca (cm) en diferentes mezclas intraespecíficas de maíz y monocultivos.

4.3. Componentes de rendimiento

En lo que respecta los resultados de la tabla fue: se pudo evidenciar que los monocultivos tuvieron un promedios mayores en lo que respecta las características del componente de longitud mazorca (cm), dando lugar que los monocultivos obtuvieron un promedio menor en el rendimiento de peso de grano por mazorca (g), mientras que en el peso de 100 semillas (g) los monocultivos tuvieron un porcentaje medio y en lo que respecta la relación grano tusa los monocultivos se mantuvieron con un promedio medio.

Tabla 7. Principales características de componentes de rendimiento en diferentes mezclas intraespecíficas de maíz y monocultivos.

Tratamientos	Longitud de mazorca (cm)	Peso de grano por mazorca (g)	Peso de 100 semillas (g)	Relación grano tusa
INIAP + MCManabí	14,88 a	96,33 ab	31,67 a	5,07 a
INIAP + MCPalenque	14,63 a	87,17 b	28,33 a	4,71 a
DAS + MCManabí	14,76 a	102,00 ab	35,00 a	4,97 a
DAS + MCPalenque	15,39 a	93,17 ab	33,33 a	4,47 a
INIAP + MCManabí + MCPalenque	15,05 a	90,33 b	31,67 a	4,32 a
DAS + MCManabí + MCPalenque	14,93 a	90,83 b	35,00 a	4,57 a
INIAP 551	20,15 a	100,06 ab	33,33 a	4,44 a
DAS 3385	15,10 a	117,33 a	36,67 a	4,91 a
MC Manabí	14,40 a	90,67 b	30,00 a	5,59 a
MC Palenque	15,18 a	96,33 ab	33,33 a	4,61 a
CV (%)	18,69	8,63	12,12	11,73

Nota: La prueba de significación de Tukey al 5% para tratamientos en la evaluación del rendimiento, separó los promedios en seis rangos de significación.

4.4. Rendimiento

Respecto a la figura 15 se detalla Los diferentes tratamientos con sus respectivas características: medidas (longitud de mazorca, peso de grano por mazorca, peso de 100 semillas y relación grano tusa). En donde se evidencio el alto rendimiento de kg ha^{-1} en los monocultivos resaltando el Das 3385.

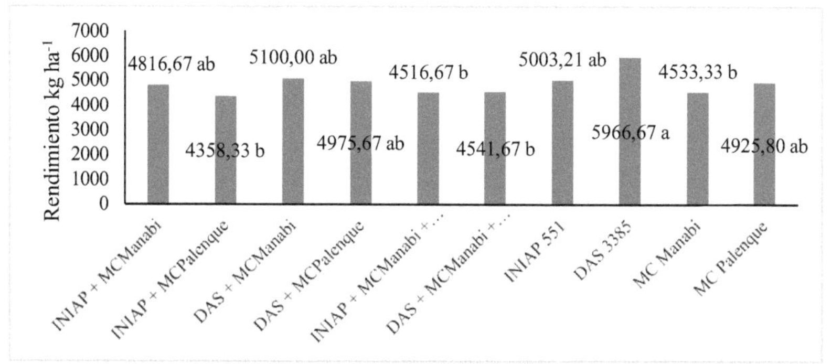

Figura 15. Rendimiento kg ha^{-1} en diferentes mezclas intraespecíficas de maíz y monocultivos.

4.5. Incidencia de las enfermedades foliares (*Curvularia lunata, Spiroplasma kunkellii, Puccinia sorghi* y *Helminthosporium* spp.) en diferentes mezclas intraespecíficas de maíz.

En este apartado se procedió a determinar la incidencia de las enfermedades foliares *C. lunata, S. kunkellii, P. sorghi* y *Helminthosporium* spp. en las diferentes mezclas intraespecíficas de maíz, en las que se han determinado valores y resultados que demostraron los resultados, tal como se muestra a continuación:

a) Incidencia de *Curvularia lunata*

En la figura 16 se muestra la incidencia de la enfermedad *Curvularia lunata*, el nivel daño provocado por esta se presentó con niveles superiores en todos los monocultivos, el mismo escenario de presento a los 65 días.

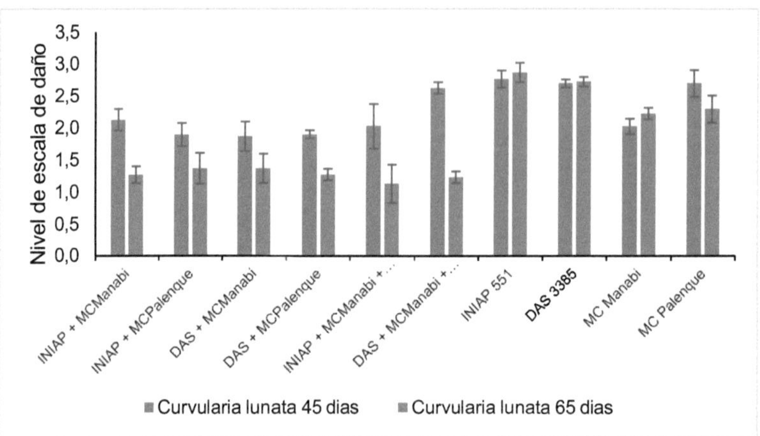

Figura 16. Nivel de escala de daño de *Curvularia lunata* en diferentes mezclas intraespecíficas de maíz y monocultivos, con error estándar.

De acuerdo con la figura 17 en lo que respecta a los promedios de daño presentes en los tratamientos se tiene lo siguiente: en los monocultivos a los 45 días el promedio de daño fue 3,80 y a los 65 días 3,89, en las mezclas de dos genotipos el promedio a los 45 días fue de 2,14 y a los 65 días fue de 2,19, y en la mezcla de los tres genotipos, el daño a los 45 días fue de 1,83 y a los 65 días de 1,93. Concluyéndose que en todos los componentes existió daño por esta enfermedad.

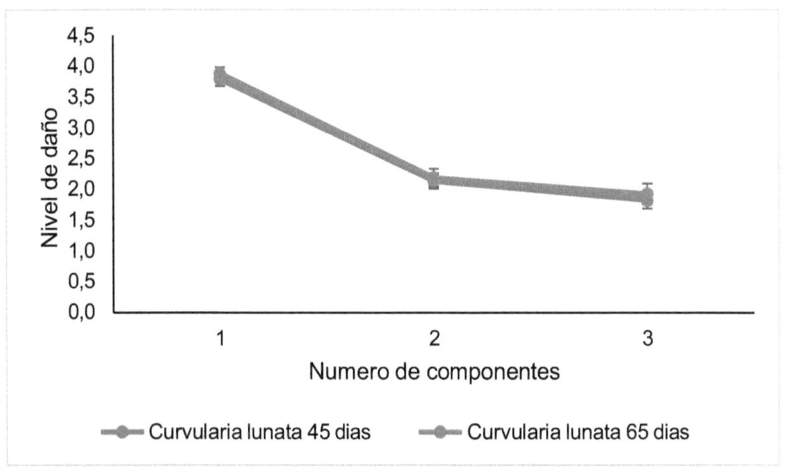

Figura 17. Nivel de escala de daño de *Curvularia lunata* y el número de
componentes utilizados en diferentes mezclas intraespecíficas de maíz
y monocultivos, con error estándar. 1= promedios de los monocultivos;
2= promedios de mezclas de dos genotipos; 3= promedios de mezclas
de tres genotipos.

b) Incidencia de *Spiroplasma kunkellii*

El nivel de daño provocado por *Spiroplasma kunkellii* se presentó con niveles
medios en los tratamiento de INIAP + MCManabí, INIAP + MCPalenque, DAS +
MCManabí, DAS + MCPalenque, INIAP + MCManabí MCPalenque, DAS + MC
Manabí + MC Palenque a los 45 y 65 días, mientras que MCPalenque, INIAP,
MC Manabí, el DAS 3385 tuvieron daños superiores en el mismo escenario de
45 y 65 días.

En esta medición, se evaluó el daño ocasionado por la *Spiroplasma kunkellii*
conocido común mente como la "cinta roja", y cuyos resultados son los
siguientes:

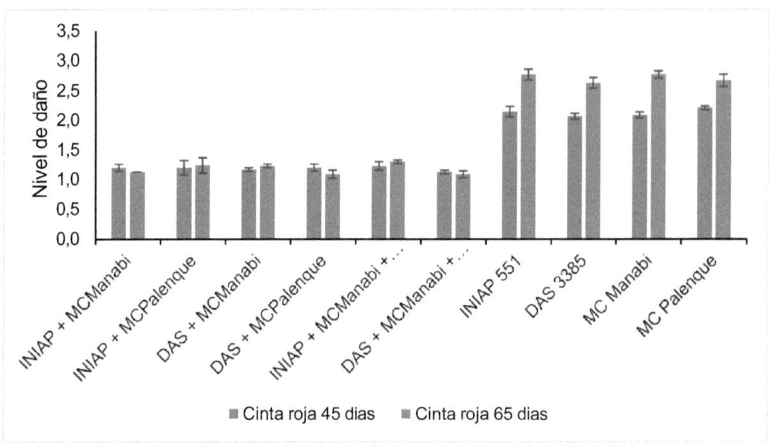

Figura 18. Nivel de daño de *Spiroplasma kunkellii* en diferentes mezclas intraespecíficas de maíz y monocultivos, con error estándar.

En lo que respecta a los promedios de la figura 19 se puede observar que el nivel de daño se va reduciendo de acuerdo al número de componentes en las mezclas intraespecíficas de maíz a los 45 y 65 días.

A continuación, se muestra el nivel de escala de daño promedio de la enfermedad foliar conocida comúnmente como "cinta roja".

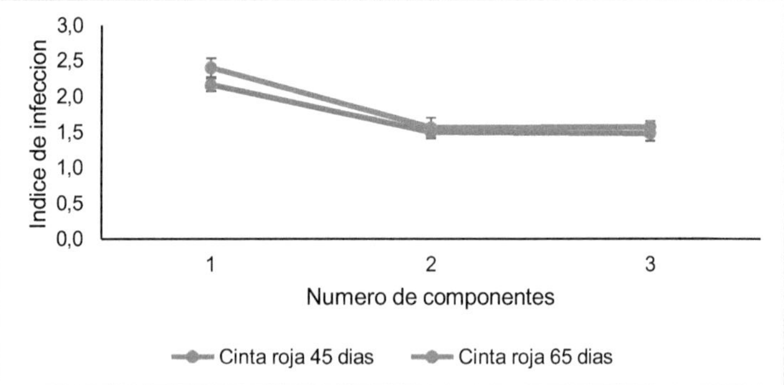

Figura 19. Nivel de escala de daño de *Spiroplasma kunkellii* y el número de componentes utilizados en diferentes mezclas intraespecíficas de maíz y monocultivos, con error estándar. 1= promedios de los monocultivos; 2= promedios de mezclas de dos genotipos; 3= promedios de mezclas de tres genotipos.

c) Incidencia de *Puccinia sorghi*.

El nivel daño provocado por *P. sorghi* se presentó con niveles inferiores en los tratamientos de INIAP + MC Manabí, INIAP + MC Palenque, DAS + MC Manabí, DAS + MC Palenque, INIAP + MC Manabí + MC Palenque, DAS + MC Manabí + MC Palenque, mientras que, en MC Palenque, INIAP, MC Manabí, el DAS 3385 tuvieron daños superiores, el mismo escenario se presentó a los 65 días.

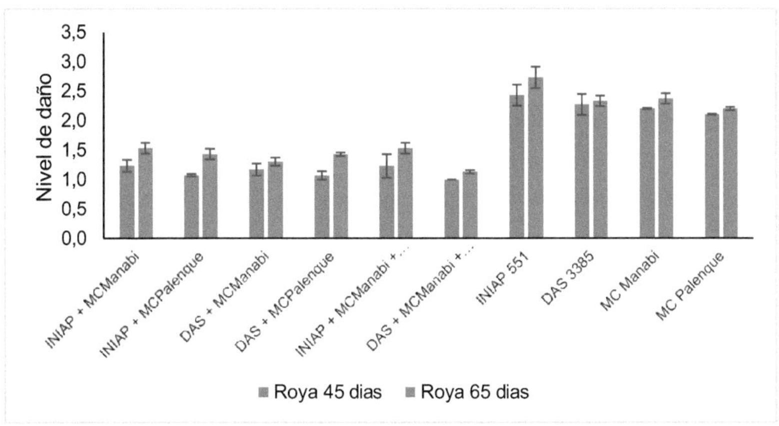

Figura 20. Nivel de daño de *Puccinia sorghi* en diferentes mezclas intraespecíficas de maíz y monocultivos, con error estándar.

En lo que respecta a la Figura 21, los promedios de daño presentes de la roya en los tratamientos se tiene que: en los monocultivos a los 45 días el promedio de daño fue 2,23 y a los 65 días 2,38, en las mezclas de dos genotipos el promedio a los 45 días fue de 1,57 y a los 65 días fue de 1,53, y en la mezcla de los tres genotipos, el daño a los 45 días fue de 1,47 y a los 65 días de 1,48. También se observó un aumento en los componentes 1 y 3, mientras que en el 2 hubo una leve reducción a los 45 días.

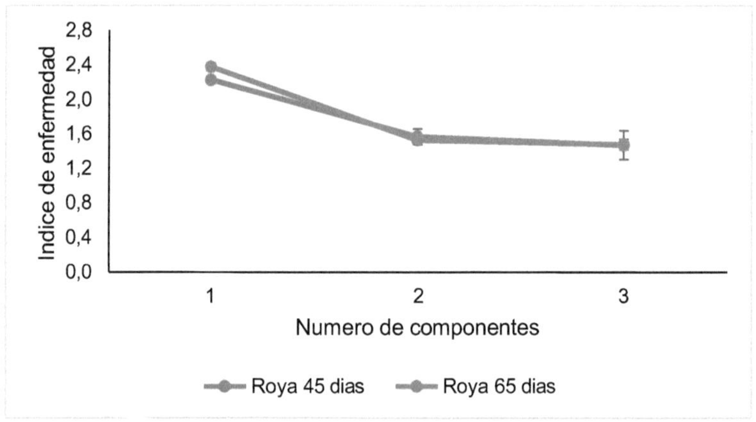

Figura 21. Nivel de escala de daño de *Puccinia sorghi* y el número de componentes utilizados en diferentes mezclas intraespecíficas de maíz y monocultivos, con error estándar. 1= promedios de los monocultivos; 2= promedios de mezclas de dos genotipos; 3= promedios de mezclas de tres genotipos.

d) Incidencia de *Helminthosporium* spp.

En esta figura se observó claramente el nivel del daño provocado por *Helminthosporium* spp en dos líneas de tiempo diferentes de medición: a los 45 días y a los 65 días, de los cuales se obtuvo que el nivel de escala de daño fue severo en todos los monocultivos.

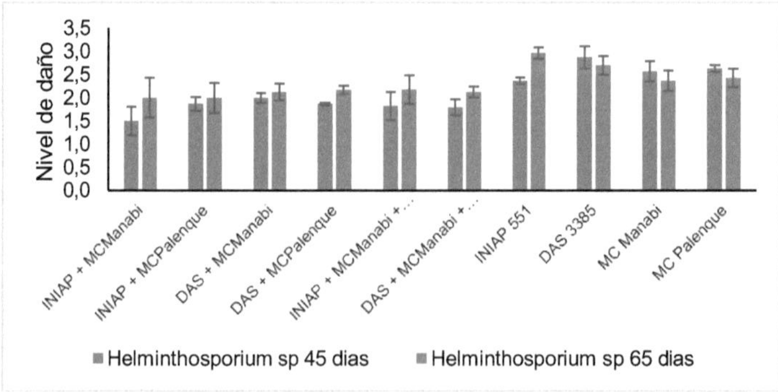

Figura 22. Nivel de daño de *Helminthosporium* spp. en diferentes mezclas intraespecíficas de maíz y monocultivos, con error estándar.

Los promedios de daño presentes de *Helminthosporium* spp en los tratamientos se tiene que: en los monocultivos a los 45 días el promedio de daño fue evidente el daño severo aumento así a los 65 días por el número de componente.

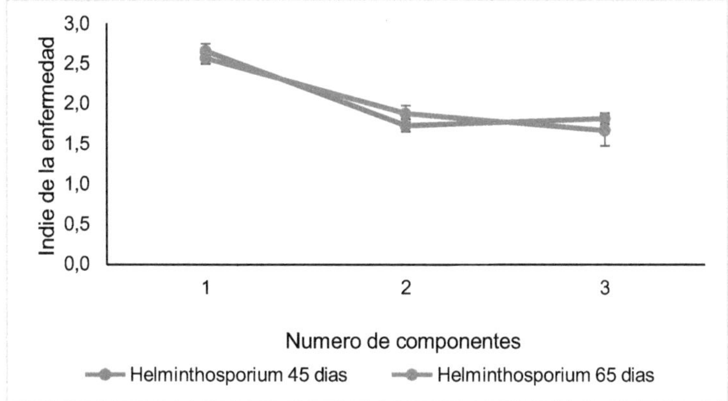

Figura 23. Nivel de escala de daño de *Helminthosporium* spp y el número de componentes utilizados en diferentes mezclas intraespecificas de maíz y monocultivos, con error estándar. 1= promedios de los monocultivos; 2= promedios de mezclas de dos genotipos; 3= promedios de mezclas de tres genotipos.

4.6. Severidad de daño del gusano cogollero (*Spodoptera frugiperda*) en diferentes mezclas intraespecíficas de maíz.

La severidad de daño de *S. frugiperda* fue evaluada para cada tratamiento en el cultivo de maíz.

De acuerdo a la escala de Davis categoriza como daño bajo= 1, 2 y 3, daño medio= 4, 5 y 6 y daño alto= 7, 8 y 9. Los resultados observados indican que en los primeros 20 días todos los tratamientos evaluados se encontraba en un nivel de daño bajo y a los 30 días el daño aumento al nivel medio en todos los tratamientos de monocultivos.

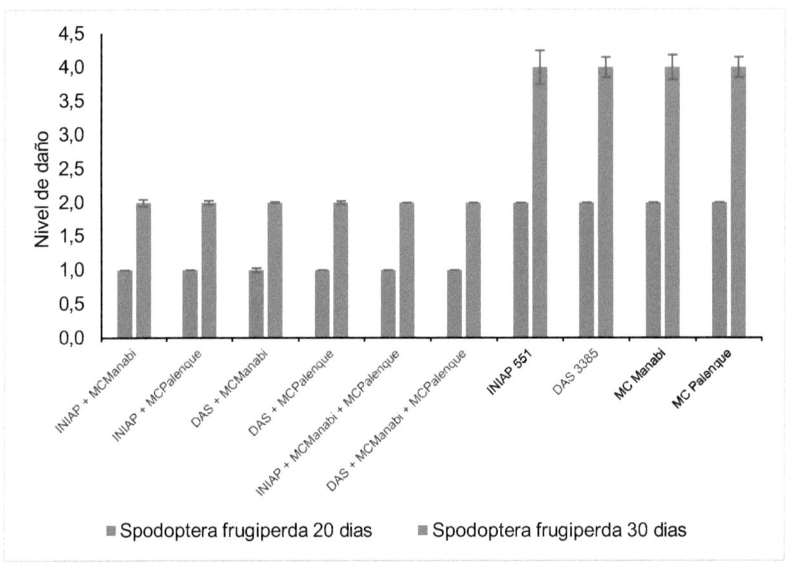

Figura 24. Nivel de daño de *Spodoptera frugiperda* en diferentes mezclas intraespecíficas de maíz y monocultivos, con error estándar. Según escala de Davis: daño bajo 1, 2 y 3; daño medio 4, 5 y 6; daño alto 7, 8 y 9.

Representa a los promedios de monocultivos y obtuvo como nivel de daño 2,00, a los 20 días y a los 30 días fue de 4,00, En lo que respecta a la mezcla de dos componentes es de1, 00 a los 20 días y a los 30 días como resultado fue de 2,00 de daño y la mezcla de tres genotipos obtuvo a los 20 días 1,00 y a los 30 días el 2,00 de nivel de daño en la planta. Esto deja ver que el mayor daño lo obtuvieron los monocultivos a los 30 días, seguido de la mezcla de los dos y tres genotipos fue menor al de los monocultivos.

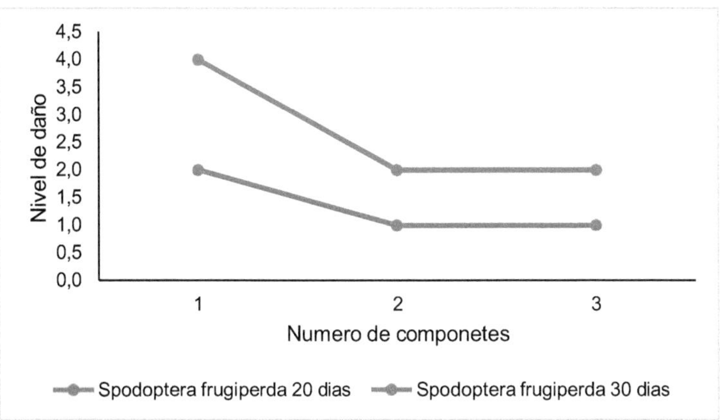

Figura 25. Nivel de daño de *Spodoptera frugiperda* y el número de componentes utilizados en diferentes mezclas intraespecíficas de maíz y monocultivos. 1= promedios de los monocultivos; 2= promedios de mezclas de dos. Según escala de Davis: daño bajo 1, 2 y 3; daño medio 4, 5 y 6; daño alto 7, 8 y 9 genotipos; 3= promedios de mezclas de tres genotipos. Según escala de Davis: daño bajo 1, 2 y 3; daño medio 4, 5 y 6; daño alto 7, 8 y 9.

V. DISCUSIÓN

Las enfermedades foliares impactan sobre el rendimiento y los componentes numéricos que lo conforman (longitud de mazorca, peso de grano por mazorca, peso de las semillas y relación grano tusa), pues producen alteraciones en los sistemas responsables de la producción dentro de la planta, como disminuciones en el índice de área foliar verde (Alavanja, 2019). Los resultados en la presente investigación corroboran lo antes mencionado.

De acuerdo cálculo del rendimiento por kg ha^{-1} para determinar la incidencia de las enfermedades en la capacidad de producción, se pudo observar que en esta investigación las enfermedades afectan negativamente los rendimientos, esta situación coincide con Quintana (2019) quien manifiesta que "las enfermedades foliares constituyen uno de los principales factores bióticos que limitan la expresión de los rendimientos del cultivo".

Se pudo notar el nivel de incidencia que tienen las enfermedades foliares en las distintas mezclas intraespecíficas, que fueron INIAP + MCManabí, INIAP + MCPalenque, DAS + MCManabí, DAS + MCPalenque, INIAP + MCManabí + MCPalenque, INIAP + MCManabí + MCPalenque, INIAP + MCManabí + MCPalenque, DAS + MCManabí + MCPalenque, así como monocultivos INIAP 551, DAS 3385, DAS 3385, MC Manabí, MC Palenque. En lo que respecta a la *Curvularia lunata*, Spiroplasma *kunkellii,* la *Puccinia sorghi* el *Helminthosporium* spp. se hizo evidente la disminución del nivel de daño debido al número de sus componentes.

Se ha podido observar y analizar que las enfermedades foliares afectan negativamente al cultivo de maíz, y que el creciente aumento evidenciado se debe a la deficiencia presente en el manejo de los mismos, por eso es necesario la realización de una propuesta como alternativa, la cual se requirió tener los datos de los apartados anteriores en los que se demostró tanto la incidencia de las plagas y enfermedades, así como los daños ocasionados por la plaga del gusano cogollero al cultivo de maíz que se sometió a este experimento investigativo con la finalidad de contribuir positivamente al tratamiento y resultados de la producción de la planta.

Según los resultados en cuanto a las mezclas de varios genotipos (DAS 3385, Maíz criollo Manabí y Maíz criollo Palenque) se identifica que al mezclar los genotipos se ven influenciados por el cruce de genes de resistencia de materiales criollo a híbridos y viceversa, afectando positivamente al desarrollo agronómico y resistencia a plagas y enfermedades, esto nos da la pauta para recomendar este tipo de alternativas en producciones del cultivo de maíz donde se minimizará las aplicaciones de fitosanitarios.

Se logró identificar la severidad de daño del gusano cogollero en los 10 tratamientos aplicados en esta investigación, en la que se determinó en dos medidas de tiempo a nivel general: 20 y 30 días para realizar su respectiva medición en la que quedó plasmado que el nivel de daño ocasionado a los 20 días fue bajo, pero a medida que aumentó el tiempo (30 días) el nivel aumentó a nivel medio. En este aspecto Louette y Smale (2016) manifiesta que las infestaciones de esta plaga provocan daños severos a los cultivos, lo que ocasiona directamente a la reducción del rendimiento en niveles superiores al 30%. Por lo que hay que tener mucho cuidado al manejo del cultivo.

En cuanto al promedio de daño de *S. frugiperda* presente en los tratamientos y de acuerdo con los componentes empleados en el cultivo de maíz, se obtuvo que el mayor daño lo obtuvieron los monocultivos, pues la mezcla de los dos genotipos, así como los de los tres genotipos fue menor los a los daños ocasionados por las enfermedades y plagas; lo que deja ver como consecuencia que la mezcla intraespecífica de semillas puede afectar positivamente a la severidad del daño que causa esta plaga común en el cultivo del maíz. Coincidiendo con Yánez et al., (2018) quienes manifiestan que las mezclas intraespecíficas se establecen con fines reproductores, alimenticios y de protección frente a plagas y enfermedades y esto las hace más resistentes y que no afecten considerablemente al rendimiento del cultivo.

Toda la información en este trabajo se direcciona a la importancia de darle un correcto manejo y cuidado a los diferentes cultivos, en especial el del maíz el cual se ve constantemente atacado por plagas y enfermedades que afectan a la producción. La reducción de daño debido a la mezcla de genotipos y monocultivos empleados, permite tomar acciones por parte del agricultor a fin de evitar situaciones que afecten directamente al cultivo, así como a su economía debido a la reducción en los rendimientos.

En lo que respecta a la aplicación de las diferentes mezclas intraespecíficas en el maíz y los resultados sobre la resistencia que presentaron ante el ataque de plagas y enfermedades, hace notar la importancia de aplicarlos en el cultivo de maíz. Así también coincide (Barg y Armand 2017), quienes manifiestan que al utilizar mezclas intraespecíficas y diferentes genotipos de maíz se está evitando parcialmente que las plagas deterioren al cultivo y por ende se evite afectar el rendimiento de la producción, pero también es vital pues debido a que se utilizan métodos agroecológicos se puede resolver los problemas referentes a la erosión y se conservará mejor el suelo e incrementará la estabilidad de los sistemas agrícolas.

Las mezclas intraespecíficas aplicada al maíz, pues generan efectos positivos en la entomofauna del cultivo, pues a su vez permite darle un manejo adecuado a este y se consigue proteger no solo la producción sino también los suelos, la regulación de las aguas, la conservación de la biodiversidad y por supuesto la reducción de los costos en muchas tareas laborales que realiza por lo general el agricultor (Sánchez y Ruiz 2016).

Por lo que se puede concluir en base a este análisis de aplicar mezclas intraespecíficas para el control y atención de plagas y enfermedades presente en el cultivo de maíz, generaría un efecto positivo tanto en la producción como en la preservación del ecosistema.

VI. CONCLUSIONES

- El uso de diferentes mezclas intraespecíficas de maíz de los diferentes tratamientos aplicados en el experimento permite la reducción en la incidencia de las enfermedades foliares *Curvularia lunata*, *Spiroplasma kunkellii*, *Puccinia sorghi* y *Helminthosporium* spp.

- La mezcla intraespecífica de DAS 3385, maíz criollo Manabí y maíz criollo Palenque reduce el ataque del gusano cogollero (*Spodoptera frugiperda*).

- La implementación de diferentes mezclas intraespecíficas en las que se empleen varios genotipos de maíz, permiten altos rendimientos kg ha^{-1}.

VII. RECOMENDACIONES

- Realizar un análisis genético más profundo, a través de marcadores moleculares que permitan identificar y seleccionar con más precisión los mejores genotipos de maíz a fin de garantizar más efectividad a la hora de producir este cultivo.

- Utilizar el material recopilado en esta investigación para elaborar programas de mejoramiento de los genotipos, para poderlos usarlos en el futuro y obtener información más detallada que favorezca al productor/agricultor.

- Se recomienda usar la mezcla Das 3385, maíz criollo Manabí y maíz criollo Palenque como alternativa al ataque de las enfermedades foliares *C. lunata*, *S. kunkellii*, *P. sorghi* y *Helminthosporium* spp, y al gusano cogollero *Spodoptera frugiperda*.

VIII. REFRENCIAS BIBLIOGRAFICAS

Aguirre, A., Bellon, M., y Smale, M. (2019). A regional analysis of maize biological diversity in Southeastern Guanajuato, México. CIMMYT Economics Working, 89.

Allen, T. (2016). Herbario virtual y Fitopatología del maíz: Enfermedades y plagas del maíz, Obtenido de https://herbariofitopatologia.agro.uba.ar/?page_id=162

Alavanja, M. (2019). Pesticides use and exposure extensive worldwide. *Rev. Environ Health, 29*(4), 303- 309.

Arévalo, P., y Mejía, I. (2018). Manejo del Gusano cogollero. Retrieved from www.soccolhort.com/revista/pdf/vol1/art9

Arregui, M., y Puricelli, E. (2018). Mecanismos de Acción de Plaguicidas. Dow Agrosciences.

Bernardino, H. U., Torres, H., Sánchez, G., Reyes, L., y Zapién, A. (2019). Uso de plaguicidas en el cultivo de maíz en zonas rurales del Estado de Oaxaca, México. Rev. salud ambiental, 19(1), 23-31.

Brush, B. (. −1. (2018). Genetic diversity and conservation in traditional farming systems. Journal of Ethnobiology *6*, 153–165.

Caballero, P., Murillo, R., Muñoz, D., y Williams, T. (2019). El nucleopoliedrovirus de *Spodoptera frugiperda* (Lepidóptera: Noctuidae) como bioplaguicida. Revista Colombiana de Entomología, *2*(35), 105-115.

Caicedo, M. (2017). *Situación actual del cultivo de maíz en Ecuador.* Lima, Perú: INIEA.

CIMMYT. (2019). Maize seed industries, revisited: Emerging roles of the public and private sectors. México: CIMMYT.

Corra, L. (2019). Herramientas de capacitación para el manejo responsable de plaguicidas y sus envases: efectos sobre la salud y prevención de la exposición. Buenos Aires: Organización Panamericana de la Salud - OPS.

Devine, G., Eza, E., Ogusuky, E., y Furlong, M. (2018). Uso de insecticidas: contexto y consecuencias ecológicas. *Rev. Perú Med Exp Salud Pública, 2*(1), 74-100.

Duke, S. O. (2016). Herbicide-Resistant Crops: Agricultural, Environmental, Economic, Regulatory and Technical Aspects. Boca Raton, Florida: CRC Press, Lewis Publ.

Gómez, G., y Minelli, M. (2017). La producción de semillas*: Texto básico para el* desarrollo del curso de Producción de semillas en la Universidad de Nicaragua. Managua, Nicaragua: Instituto Superior de Ciencias Agropecuarias, Escuela de Producción Vegetal.

González, B. (2016). La Revolución Verde en México. *Revista Agraria*, 40-68.

Goodman, G., y Rawling, J. O. (2018). Appropriate characters for racial classification in maize. *Economía Botánica, Vol. 47*, 44- 59.

Guerrero, A., J. Florián, M., y Florián, J. (2017). Uso de fertilizantes y plaguicidas en el distrito de Poroto, Trujillo-La Libertad. *Sciendo*, 91-102.

Kundu, S. R., Ved Prakash, H., Gupta, H. P., y Ladha, J. (2017). Long-term yield trend and sustainability of rainfed soybean –wheat system through farmyard manure application in a sandy loam soil of the Indian Himalayas. *Biology & Fertility of Soils*, 271–280.

Louette, D., y Smale, M. (2016). Genetic diversity and maize seed management in a traditional Mexican community: Implications for in situ conservation in maize. México: NGR.

Maffei, J., y Bueno, L. (2018). Suelos y Fertilización. Olivicultura en Mendoza. Raigambre de una actividad que se renueva. Buenos Aires: Ed. Fundación Pedro Marzano.

Maya, N. (2016). Evaluación de siete genotipos de maíz (*Zea mays L.*) en cuatro localidades de Nicaragua. Trabajo de posgrado. Managua, Nicaragua: Universidad Nacional Agraria.

Naranjo, A. (2017). Desenfoque en el modelo agrario. El caso del Maíz. México.

Navarrete, C. L. (2017). Efecto del manejo cultural de un sistema de mezcla intraespecífica de musáceas sobre la incidencia y severidad de los principales problemas fitosanitarios *(Bachelor's thesis,* Quevedo-UTEQ*).* Quevedo: Universidad Técnica Estatal de Quevedo.

Ortega, R. (2017). El maíz como cultivo II. La diversidad del maíz en México. México, D.F.: Dirección General de Culturas populares e Indígenas.

PAN International. (2016). Consult Manual. Pesticide Action Network International. California, EUA.

Pesticide Action Network. (2018). Lista de Plaguicidas Altamente Peligrosos. PAN Internacional.

Pirkle, J. L., Sampson, E. J., Needham, L. L., Patterson, D. G., y Ashley, D. L. (2016). Using biological monitoring to assess human exposure to priority toxicants. Environ Health Perspect, 45-48.

Poehlman, J., y Sleper, D. (2015). Mejoramiento Genético de las Cosechas. México: Limusa.

Quintana, W. (2019). Diversidad genética del maíz con fines de bioseguridad. Portoviejo: Universidad Técnica de Manabí.

Ramírez, J., y Lacasaña, M. (2018). Plaguicidas: clasificación, uso, toxicología y medición de la exposición. Arch. Prevención Riesgos Laborales. Barcelona. España. 4 (2): 67-75. *Revista Agroecológica, 4*(2), 67-75.

RAP-AL. (2017, septiembre 23). Qué son los plaguicidas. Retrieved from http://www.rap-al.org/index.php?seccion=4&f=plaguicidas.php

Rendón, B. A., y Aragón, M. (2017). Diversidad de maíz en la Sierra Sur de Oaxaca, México: conocimiento y manejo tradicional. Polibotánica, 151-74.

Rimache, M. (2018). Cultivo del Maíz. Venezuela: Espasandes.

Romero, Y. (2019, febrero). Control biológico del cogollero del maíz con *baculovirus.* Retrieved from htpps://www.researchgate.net/publication/32926352

Salazar, N., y Aldana, M. (2018). Herbicida glifosato: usos, toxicidad y regulación. *Biotecnia, 13*(2), 8-23.

Sánchez, J. J., y Ruiz, C. (2016). Flujo genético entre maíz criollo, maíz mejorado y teocintle: implicaciones para el maíz transgénico. México: Trillas.

Tielemans, E., Van Kooij, E., Velde, B. A., y Heederik, D. (2017). Exposición a plaguicidas y disminución de las tasas de fertilización in vitro. The Lancet, 484-485.

Timoty, D., Hathenway, W., Grant, U., Torregroza, M., Sarria, D., y Vela, D. (2016). Razas de Maíces del Ecuador. Boletín Técnico N° 12. Colombia: ICA.

Villamil, E., Bovi, G., y Nassetta, M. (2017). Situación actual de la contaminación por plaguicidas en Argentina. Rev. Int. Contam. Amb., *19*(1), 25-43.

Yánez, C., Zambrano, J., y Caicedo, M. (2018). *Guía de Producción de maíz para* pequeños agricultores y agricultoras. Quito, Ecuador: INIAP.

Yanggen, D., Crissman, C., y Espinosa, P. (2019). Los plaguicidas, Impactos en producción, salud y medio ambiente en Carchi, Ecuador. Carchi, Ecuador: Universidad Técnica Particular de Loja.

Printed by Books on Demand GmbH, Norderstedt / Germany